)THÈQUE DE L'AGRICULTEUR PRA
)uragée par S. Exc. le Ministre de l'Agriculture

DESCRIPTION ET CULTURE

DE

L'ORTIE DE LA CHINE

PRÉCÉDÉES D'UNE NOTICE

SUR LES

DIVERSES PLANTES QUI PORTENT CE NOM

LEURS USAGES ET LEUR INTRODUCTION
EN EUROPE

PAR RAMON DE LA SAGRA

Membre correspondant de l'Institut, etc.

Prix : 1 franc

PARIS

LIBRAIRIE CENTRALE D'AGRICULTURE ET DE JARDINAGE

RUE DES ÉCOLES 62 (ancien 82), PRÈS LE MUSÉE DE CLUNY

— Auguste GOIN, éditeur —

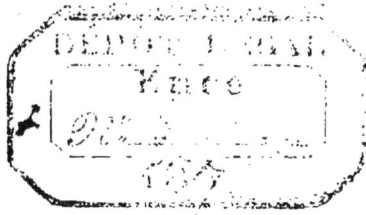

DESCRIPTION ET CULTURE

DE

L'ORTIE DE LA CHINE

ÉVREUX, IMPRIMERIE DE A. HÉRISSEY.

DESCRIPTION ET CULTURE

DE

L'ORTIE DE LA CHINE

PRÉCÉDÉES D'UNE NOTICE

SUR LES

DIVERSES PLANTES QUI PORTENT CE NOM

LEURS USAGES ET LEUR INTRODUCTION

EN EUROPE

PAR RAMON DE LA SAGRA

Membre correspondant de l'Institut, etc.

L'Ortie de la Chine est appelée à devenir
le Lin du midi de la France.

(Docteur Sacc.)

PARIS

LIBRAIRIE CENTRALE D'AGRICULTURE ET DE JARDINAGE

RUE DES ÉCOLES, 62, PRÈS LE MUSÉE DE CLUNY

— Auguste GOIN, éditeur —

DESCRIPTION ET CULTURE

DE

L'ORTIE DE LA CHINE

I.

Notions générales sur les plantes désignées sous le nom français
d'**ORTIE DE LA CHINE**, China-grass des Anglais, leurs ori-
gines, usages et dénominations diverses, vulgaires et scien-
tifiques.

Les renseignements recueillis sur ce sujet sont très-
incomplets. Il paraît que, outre l'état sauvage, on trouve
ces espèces d'*orties* cultivées en petits carrés, dans des
terrains humides qui bordent les rivières. Chaque habi-
tation en cultive pour l'usage de la famille, puisque la
fibre est employée dans la confection d'étoffes variées
pour l'habillement, ustensiles de pêche, cordages, etc.
Depuis un temps immémorial, diverses espèces d'orties
gigantesques sont cultivées en Chine, au Japon, à Bor-
néo, à Sumatra, dans la Malaisie, aux îles Célèbes, à la
Cochinchine, au Bengale, à Assam, et en général dans
tout l'Orient, où elles sont connues sous diverses dénominations. Les fibres de ces différentes espèces sont
employées dans un grand nombre d'usages, suivant le
degré de leur finesse respective, qui dépend, soit de la

qualité de la plante sauvage, soit de la manière dont la fibre est séparée, classée et préparée.

Elle est vraiment innombrable la variété d'étoffes qu'on fabrique avec les fibres des orties dans toutes les régions de l'Orient. Les délégués envoyés par le ministère de l'agriculture et du commerce, ont expédié à diverses reprises des échantillons cotés avec leurs prix et des indications précieuses de leurs mélanges. Il convient de consulter à cet égard la section relative à l'*Indo-Chine*, des *Annales du commerce extérieur*, que publie ledit ministère.

Mais quand on veut découvrir quelles sont les véritables plantes dont les fibres entrent dans la confection de ces tissus variés à l'infini, la difficulté devient presque insurmontable. On n'a pas entrepris ce travail pendant que les étoffes d'*ortie* et leurs similaires étaient seulement l'objet d'une consommation très-restreinte en Europe, car, en effet, une telle étude ne pouvait pas offrir un véritable intérêt pratique. Mais celui-ci commença à s'éveiller, dès que les premières plantes commencèrent à être connues, et que la juste appréciation des qualités de leurs fibres suggéra l'idée de les introduire dans la culture et la fabrication européennes. Dès lors, il était évident que la détermination précise des espèces qui dans les pays orientaux produisaient les plus belles fibres, ainsi que les conditions et les circonstances des climats et de la culture, devenaient indispensables. La connaissance des procédés de préparation et de tissage dans les pays d'origine, quoique très-utiles sans doute, ne l'était pas au même degré que l'autre, car l'état avancé de l'art de préparer les fibres textiles ainsi que ceux de la teinture, de la filature et du tissage, permettait d'espérer que l'Europe n'aurait pas beaucoup à apprendre sur ces sujets des peuples orientaux. Ensuite, et dès que nous voyions approcher l'époque où le midi de l'Europe en général, et celui de la France, de ses départements dans l'Algérie, allaient augmenter le nombre de leurs conquêtes dans la Flore exotique, avec les espèces d'orties gigantesques cultivées de temps immémorial en Orient, l'étude que nous venons d'indiquer devenait une nécessité urgente. C'est pour cela que nous y avons consacré une partie de notre temps (sans être satisfait du résultat de nos recherches), soit dans les livres spéciaux, soit dans les mémoires séparés, soit dans les rapports envoyés par des missionnaires zélés et des commissaires intelligents. Nous avouons qu'après notre travail, il reste encore beaucoup à faire, et que le problème complexe de la synonymie vulgaire et scientifique, rattachée à la détermination exacte des usages, ne sera définitivement résolu, que lorsqu'on aura reçu, des divers pays originaires, les échantillons de tissus rapportés aux plantes dont ils proviennent. En attendant, nous allons présenter le résultat de nos études.

Un des premiers documents envoyés de Chine au ministère de l'agriculture et du commerce, est le rapport du délégué dans la mission, M. Itier, sous la date de Macao, 14 mai 1845. Il dit que, au nombre des tissus qu'on fabrique dans le Kwang-tong, où ils sont connus sous le nom générique de *ha-pou* (en mandarin *cha-pou*), se trouvent ceux désignés par les Français sous la dénomination de *batistes de Canton*, et par les Anglais sous celle de *grass-cloth* (tissu d'herbe). Il y a aussi une variété indéfinie de toiles, plus ou moins grossières, produites par d'autres espèces. — Les plus fines provenaient de deux plantes qu'on cultive à 120 ou 160 kilomètres au nord - est de Canton, nommées *lo- mâ* et *tsing-mâ* ; la première donne des étoffes grossières et la seconde des toiles fines ou batistes.

Nous commençons déjà à voir, par ce premier rapport, une supériorité attribuée à la plante appelée *tsing-mâ*. Il paraît que, pour fabriquer certaines espèces de toiles, on met la chaîne en fibres de cette espèce et la trame de *lo-mâ*. La première plante demande des températures supérieures à la seconde.

Un peu plus tard, d'autres délégués envoyèrent des échantillons de beaucoup de tissus portant le nom générique de tissus de *mâ*, qu'ils indiquèrent comme fabriqués avec l'*Urtica sida*. Cette plante était cultivée dans les provinces de *Se-tchuen*, de *Kiang-si*, de *Thé-Kiang* et de *Kwang-tong* ; mais il paraît que toute la Chine produit la plante appelée *ortie blanche*, bien décrite avec les caractères distinctifs de l'*Urtica nivea*, dont les plus saillants sont les feuilles dentelées, vertes sur l'une des faces, *blanc argenté* de l'autre.

On écrivait déjà de la Chine à la dite époque (1847) que le *mâ* devenait un article d'exportation pour l'Angleterre, où l'on était arrivé à le peigner, le blanchir et le filer avec la même perfection que le lin, et où l'on tissait des étoffes supérieures au *hia-pou* des Chinois. (*Ann. du Comm. extérieur.* CHINE, n° 415.) — En effet, les tableaux du commerce constataient déjà, sous pavillon américain, une exportation de 110 pièces de *hia-pou* en 1822 et 23, de 200 pièces en 1826 et 27, de 302 en 1829 et 30, de 3,155 en 1832 et 33. L'exportation, pour la Hollande, avait été de 10,000 pièces en 1824 et 25. — Nous parlerons plus loin de la fabrication anglaise, signalée dans ce document comme existant déjà en 1847.

Les livres chinois qui traitent de l'agriculture, contiennent beaucoup de renseignements sur les plantes qui nous occupent, leur culture, leur préparation et la grande variété de produits fabriqués qu'on en obtient. M. Stanislas Julien a eu l'heureuse idée de traduire en français ces notices spéciales, que la Société impériale d'acclimatation a insérées dans son Bulletin (2ᵉ série, vol. III). L'espèce d'*ortie* dont on fait mention, est appelée *Tchouma* dans ces livres, et dans la traduction on la désigne comme étant l'*Urtica nivea*.

Les rapports envoyés de la Chine sont d'accord pour désigner la plante sous le nom générique de *mâ*, et les tissus par celui de *hia-pou*, qu'on traduit *tissu d'été*. Mais ce nom est de la langue chinoise mandarine, qui emploie aussi celui de *mâ-pou* (*tissu de mâ*). En chinois cantonnais, les tissus faits avec le *mâ* s'appellent *ha-poo* et *mâ-poo*.

Malgré l'uniformité de ce nom *mâ* dans divers endroits, on ne sait pas bien encore quelles sont les plantes qui fournissent le *mâ*, dénomination qui, à notre avis, est plutôt donnée à la fibre qu'au végétal. C'est pour cela qu'on met une désignation additionnelle, comme *ko-mâ, ching-mâ,* etc.

On peut trouver à Canton seize qualités bien distinctes de *hia-pou* blanchi, de 44 centimètres de largeur, en pièces de 36 mètres 56 centimètres. Les étoffes fines proviennent de la plante appelée *tsing-mâ*, et les plus grossières de la *lo-mâ*. La première peut donner, paraît-il, quatre récoltes par année, tandis que la seconde, qui végète plus au nord, n'en donne que trois.

Nous avons trouvé aussi, qu'on fabrique quelquefois des tissus mélangés de *mâ* et de coton, en prenant celui-ci pour trame et celui-là pour chaîne. Ces étoffes s'appellent *mâ-kann-miénn-hoé* et ne servent que pour couvertures de lits. On fait aussi, dans la province de *Fo-Kien*, des toiles à côtes lignes, pour serviettes, qui sont d'assez bonne qualité. Les côtes lignes sont formés de quatre fils de coton et les intervalles de quatre fils de *mâ*. Ce tissu, appelé à Canton *Som-so-lo-pou* ou *minn-mâ*, a une largeur de 33 centimètres et la pièce 18 mètres 40 centimètres.

On teint à Canton le *hia-pou* en toutes couleurs ; en bleu, par l'indigo ou le *polygonium ;* en rose, par le carthame ; en brun rougeâtre, par la racine tuberculeuse du *chou-liang ;* en jaune, par le curcuma, etc.

Les Chinois blanchissent le *hia-pou* en le soumettant à une ébullition prolongée dans de l'eau alcalisée par un peu de potasse (*kann-sa*). Au bout de quelques heures on le retire de la chaudière, on le dégorge à fond, on l'étend sur le pré et on a soin de l'arroser plusieurs fois par jour jusqu'à ce que la blancheur soit parfaite. Enfin, on apprête les pièces en étendant dessus, avec une brosse de bruyère, une eau gommée ou infusion à chaud de feuilles de *choui-koua*.

Les tissus de *hia-pou* joignent à l'avantage de la légèreté et de la fraîcheur celui de ne point s'attacher à la peau. (*Ann. du Comm. extérieur.* CHINE, n° 415.)

Le R. P. Bertrand, missionnaire apostolique au *Sutchuen*, a envoyé à la Société d'acclimatation une note, où sont distinguées deux espèces de *mâ* ou chanvre ; le *yuen-mâ,* ou chanvre de la plaine, et le *chau-mâ,* ou chanvre des montagnes. Le premier serait supérieur au second, et il est dit aussi qu'il donne quatre récoltes, et le *chaumâ* seulement trois. Celui-ci ne se trouve que dans le nord-est et l'autre au midi, dans toutes les parties du *Sutchuen.*

Tout cela répond exactement à ce que nous avons dit

plus haut du *lo-mâ* et du *tsing-mâ ;* le premier serait le *chau-mâ* et le second le *yuen-mâ* désignés par le P. Bertrand. — Nous commençons à voir plus clair.

Dans la séance du 20 avril 1860, de la Société impériale d'acclimatation, on a rendu compte d'un intéressant mémoire de M. A. Dupuys, où il est constaté qu'on a confondu l'*apoo* ou *chou-mâ*, avec la fibre textile précédente, de Java, où elle est appelée *ramié*. La première est extraite de l'*Ortie blanche* ou *Urtica nivea* déjà décrite. La seconde est due à une autre espèce, l'*Urtica utilis* de Bl. ou *U. tenacissima* de Roxb., ou *Bœhmeria utilis*. de Dec. On dit dans la notice de M. Dupuys, que l'*U. nivea* est très-ancienne dans les jardins botaniques d'Europe, où elle aurait été introduite dès 1733. — L'*U. utilis*, appartient à une région plus chaude ; on la trouve dans l'Inde et dans l'archipel indien, notamment au Bengale et à Java. On la cultive en Chine avec la précédente et elle est même plus estimée.

Cette assertion coïncide avec celle que nous avons déjà transcrite, avec la seule différence que le nom *ramié* n'est pas usuel en Chine ni employé par les missionnaires et les délégués qui ont envoyé des échantillons et des notes.

La dénomination *ramié* est d'origine javanaise ou malaise : *ramé* et aussi *ramen* dans la province de Bantam. — Dans les îles de la Sonde, outre le nom *ramié* on emploie aussi celui de *kiparoy*, appliqué à la même plante ; dans l'intérieur de Sumatra, on trouve celui de *kloie* et de *kaloui;* aux Célèbes, celui de *gambé* ; au Japon celui de *kara-mousi;* à Assam celui de *rhia* et *rhea*. Nous donnons toutes ces dénominations de divers pays, parce que, tout récemment, la fibre textile qui nous occupe a fait invasion en Angleterre, à la Louisiane et à l'île de Cuba, sous les noms *ramié* et *reha*, que nous examinerons plus loin, au point de vue scientifique des espèces végétales auxquelles ils sont donnés.

Avant d'entrer dans ce nouveau labyrinthe, nous avons jugé convenable et nécessaire de frayer un peu celui des noms vulgaires, ce qui nous a conduit à reconnaître, dans cet ensemble de dénomination étrangères, deux plantes textiles employées principalement par les peuples de l'Orient et exportées également en Europe, depuis quelques années. L'une, plus ordinaire, moins estimée par conséquent, à moindre rendement et dont la végétation se contente d'un climat septentrional, est le *lo-mâ* et le *chau-mâ* des Chinois, ou au moins de Canton, dont la description répond à l'*Urtica nivea* ou *Boehmeria nivea* des botanistes. L'autre, à plus riche végétation, à fibres plus délicates, qui demande des régions méridionales, employée seule ou mêlée à la confection d'étoffes délicates, très-estimée, et par conséquent d'un prix élevé, surtout en Chine, est le *tsing-mâ* et le *Yuen-mâ* de ce pays, et que nous croyons être le *ramié* de Java, qui se trouverait désignée dans la science sous les dénominations, pas bien précisées encore, de *Urtica utilis* et *Boehmeria utilis* et *tenacissima*. Quant à la fibre *Rhea*, nous soupçonnons qu'elle provient de la première espèce ou *Urtica nivea*. Récemment, on a reçu à Paris un paquet de filasse mal blanchie, procédant du Jardin gouvernemental d'Uotakamund, présidence de Madras, avec les dénominations : *Nettle fibre ; Urtica heterophylla* qui pourrait être le *rhea*.

Entrons maintenant dans le monde scientifique, et commençons par transcrire une note qui se trouve dans une notice sur le *hia-pou* ou tissu de *mâ*, insérée dans les *Annales du commerce extérieur.* « Morrison, Bridgman, Medhurst, Callery, ont traduit *mâ* par *chanvre*, et Wells

Williams, par *Sida tiliæfolia ;* Taberd et Blanco, l'ont considéré comme étant l'*Urtica nivea ;* le Dr Abel, comme désignant une ortie, un chanvre et le *Sida tiliæfolia ;* le *Chineese Reparsitory* et Burnett ont fait observer que les tissus fins de *mâ* sont faits avec les filaments d'un Sida et les toiles grossières avec ceux d'un chanvre voisin du *Cannabis sativa ;* enfin M. Callery a admis que le *hou-mâ* était un *Linum,* et le *huang-mâ* le *Cannabis sativa.* »

Il est assez surprenant que les auteurs cités, ayant écrit à une époque postérieure aux anciennes introductions des plantes de la Chine qui procurent le *mâ,* aient fait une semblable confusion dans la synonymie.

Le premier écrit de bonne critique qu'on doit consulter sur les noms donnés aux plantes qui nous occupent, est le mémoire publié par le savant professeur du Muséum, M. Decaisne, au mois d'avril 1845, travail auquel nous ferons divers emprunts dans le cours du nôtre. Parmi les plantes qu'il avait reçues de Chine, il trouva les deux espèces nommées *Urtica nivea* et *Urtica utilis*, qu'il décrit et distingue suffisamment pour ne pas les confondre désormais. Il parle aussi de la dénomination *ramié,* employée à Java, et il constate que ses feuilles sont plus grandes que celles de l'*Urtica nivea*, plus longuement acuminées et *grisâtres* en dessous. M. Decaisne croit que les fibres d'un *blanc verdâtre* proviennent de l'*U. nivea* et celles d'un *blanc nacré,* de l'*U. utilis* ou *ramié.* Il ajoute que les herbiers du Muséum possèdent des échantillons de *ramié* avec l'étiquette « *U. tenacissima,* excellente filasse ».

Roxburgh, qui reconnaît la supériorité du *ramié* sur toutes les filasses employées dans l'Inde, distingue son *U. tenacissima* de l'*U. nivea.* Il essaya la culture de l'*U. utilis* au Jardin botanique de Calcutta, et dit qu'elle végétait très-bien et fleurissait vers la fin de la saison des pluies. Dans de bons terrains elle donnait de quatre à cinq coupes par année (1). Enfin M. Decaisne savait déjà que la *ramié* ou *U. utilis* était une plante équatoriale et l'*U. nivea* une plante des régions tempérées.

M. Weddell, a publié son grand travail sur le *Urticées*, en 1856 après M. Decaisne, dans le volume IX des *Archives du Muséum d'histoire naturelle de Paris;* ouvrage considérable et digne de l'estime des savants. Nous trouvons là toutes les espèces bien caractérisées, mais quant aux rapports synonymiques, il penche du côté de ceux qui réunissent les deux espèces cultivées en Chine, comme étant identiques. A ce sujet, M. Weddell s'exprime ainsi. « Le *chu-mâ* ou *tchou-mâ* des Chinois, et
« le *ramié* ou *caloïe* des îles de la Sonde, doivent-elles
« être regardées comme des espèces distinctes ou doi-
« vent-elles n'en former qu'une ? — D'après M. Decaisne,
« le *ramié* ou *U. (Bœhmeria) utilis* Bl. différerait du
« *tchou-mâ (china-grass,* des Anglais, *rhea* des habitants
« de Bengale ou *U. nivea* L.) par ses feuilles plus grandes,
« plus longuement acuminées et grisâtres en dessous,
« et il pense que ces plantes méritent d'être distinguées
« spécifiquement, en se fondant cependant surtout sur
« les qualités différentes de leurs fibres corticales. Celles
« de l'*U. nivea* auraient, selon lui, une teinte verdâtre et
« présenteraient une certaine raideur, qui ne se trouve-
« rait pas dans les fibres nacrées du *ramié.* »

---

(1) Indications prises dans la note de M. Dupuys, communiquée dans la séance du 20 avril 1860 de Société impériale d'acclimatation, et imprimée dans le vol. VII de la 2e série, p. 205.

M. Weddell cite aussi d'autres avis. « Le Dr Royle,
« dit-il, dans son *Traité sur les plantes textiles de l'Inde*,
« croit que la plante appelée par Roxburgh *U. tenacis-*
« *sima* et que ce botaniste avait reçue de Sumatra sous le
« nom de *Caloïe* ou *Caloee*, est la même que celle décrite
« et figurée par Rumphius sous le nom de *Ramium ma-*
« *jus*, et la même enfin que celle à laquelle M. Blume a
« appliqué ensuite le nom de *Boehmeria utilis*. La dis-
« tinction faite alors par Roxburgh de l'*U. nivea*. L. ne
« serait que dans la forme de la base de la feuille, dif-
« férence qui dans le fond n'existe pas. Royle, d'accord
« avec Falconner et d'autres, qui avaient fait la compa-
« raison d'échantillons de la plante de Roxb. avec celles
« qui sont cultivées en Chine, inclinent à les regarder
« comme identiques. »

Nous venons de rapporter plus haut, ce que Roxburgh
disait du *ramié*, le *Ramium majus* de Rumphius;
M. Weddell, est du même avis que Royle, et c'est pour
cela qu'il réunit les deux espèces sous la même diagnose
de l'*U. utilis* qu'il désigne comme étant *dioïque*. A ce
sujet, que nous traitons cependant d'une manière inci-
dente, nous devons consigner quelques indications,
peu connues, présentées par M. Audoynaud, professeur
de physique au Lycée de Nice, qui, ayant eu occasion
d'examiner grand nombre de pieds vivants au Jardin du
Bois du Var, a établi que l'espèce était *monoïque*. Dans
une note qu'il a lue à la *Société des lettres, sciences et arts*,
de la dite ville, le fait semble bien établi, et le savant
professeur attribue l'erreur des botanistes à ce que la
plupart de ceux de Paris « étudient ces plantes exo-
« tiques sous un climat qui ne permet pas la complète
« fructification. Or, les fleurs à étamines sont très-cadu-
« ques, et si nous ne nous étions pas trouvé au moment

« de leur apparition, nous n'en aurions pas constaté la
« présence. »

Cette circonstance de la distribution des fleurs, cons-
tituant l'espèce monoïque ou dioïque, pourrait trouver
une explication satisfaisante pour les observateurs des
deux phénomènes. Ayant écrit sur ce sujet à notre ami
le savant botaniste de la Nouvelle-Grenade, M. le docteur Triana (qui se trouve maintenant au jardin de
Kew, en Angleterre, occupé à un travail scientifique),
il nous répond que les exemplaires de la *Boehmeria*,
qui, sous la dénomination de *nivea*, se trouvent dans
les herbiers, sont en général *dioïques*, tandis que la
plante cultivée dans le jardin, sous le même nom, est
monoïque, ainsi que l'a figurée M. Hooker dans le *Journ.
of Botan.*, 1851. Elle paraît donc être variable. M. Weddell fait observer aussi, à la page 23 de sa *Monographie*,
que dans certains *Urtica*, les fleurs femelles sont en si
grande majorité, que quelquefois, dans un glomérule
qui contient plus de vingt fleurs, il y en a à peine une
qui soit mâle ; dans d'autres plantes du même groupe,
on voit aussi des inflorescences, dont une partie est oc-
cupée entièrement par des fleurs femelles et d'autres
par des fleurs mâles en nombre sensiblement égal. Ne
pourrait-on pas attribuer la cause véritable de ces phénomènes, à la caducité des étamines, observée par le
professeur de Nice, qui pourrait faire soupçonner femelles ces inflorescences défectueuses ?

Quant à l'identité des deux espèces, le professeur de
Nice se range entièrement à l'avis de M. Weddell. Nous
regrettons d'en différer ; mais les raisons données il y a
déjà quinze ans par M. Decaisne, nous semblent plutôt
confirmées qu'affaiblies depuis lors, car aux caractères
botaniques du port, de la forme, la dimension, la cou-

leur de la face inférieure, sont venus s'ajouter ceux qui dénotent une constitution différente qui assigne à l'une de ces plantes des climats tempérés, et à l'autre des contrées méridionales, une végétation plus riche dans la seconde que dans la première, puisqu'elle permet de faire quatre coupes de l'*U. utilis*, et seulement trois de l'*U. nivea*, avec la particularité remarquable, qu'une telle richesse de vitalité chez la première, n'altère pas la qualité délicate de ses fibres, qui par conséquent semble inhérente à la constitution spécifique de la plante. Enfin, ses qualités, qui la font préférer partout à l'*U. nivea*, sont permanents, car elles accompagnent l'*U. utilis* dans toutes les régions où elle a été introduite, tandis que la *nivea* ne conserve pas les siennes.

A l'appui de notre opinion, nous venons de lire les assertions formelles de l'industriel M. Caillard, qui, ayant suivi avec attention le développement des deux espèces cultivées au Jardin des Plantes de Paris, non-seulement a constaté une croissance beaucoup plus vigoureuse dans l'*U. utilis* que dans l'*U. nivea*, les tiges sortant en plus grand nombre et prenant une étendue bien supérieure, mais que le produit ou rendement de la première était de 80 à 90 p. 100 supérieur à celui de la seconde. Ayant procédé à la désagrégation des fibres, dix tiges de l'*U. utilis* lui ont donné 33 grammes de beaux filaments, et le même nombre de celles de la *nivea* seulement 18 grammes de fibres, ou soit encore une plus-value de 80 à 90 p. 100.

Pour résultat final de nos recherches, et quelle que soit la solution définitive que de nouvelles observations pourront seules donner, nous nous croyons autorisé à affirmer que deux espèces différentes, bien constatées, existent réellement dans les plantes du même genre,

dont les fibres sont connues dans le commerce et employées dans l'industrie par les peuples orientaux ; l'une, de climat méridional, plus vigoureuse, plus riche en tiges, à fibres plus délicates et abondantes, provient de l'espèce appelée *Urtica* ou *Boehmeria utilis*, et l'autre, dont la plante est plus anciennement connue en Europe, provient de l'espèce premièrement formée par Linnée, qui porte encore la dénomination de *nivea*, à cause de la blancheur nacrée de la face inférieure de ses feuilles. Ce seul caractère suffit pour la distinguer, quoique la nature tempérée des régions qu'elle demande, sa végétation moins vigoureuse et la qualité inférieure de ses fibres, peuvent aussi la distinguer.

L'espèce préférable, qu'on doit par conséquent cultiver dans les régions les plus méridionales du globe, est donc l'*U. utilis*, *Chau-mà* et *Tsing-mà* des Chinois, *ramié* des Javanais. L'autre espèce, convenable aux régions septentrionales, est l'*U. nivea*, *Lo-mà*, et *yuen-mà* de la Chine, probablement le *Rhea* de l'Inde. La première, d'après le rapport de M. Dupuys, que nous avons déjà cité dans ce travail, provient en général de l'Inde, et la Chine en fournit peu ; au contraire, c'est ce dernier pays qui a presque le monopole de l'*U. nivea*, où cette espèce se produit partout, particulièrement dans la province de *Kiang-si*, de *Setchuen* et de *Chan-si*.

Ces indications peuvent jeter quelques lumières sur les espèces primitivement introduites en France, qui, à notre avis étaient, le plus grand nombre, de l'*Ortie blanche* ou *U. nivea*.

Il y a encore l'*Urtica japonica*, L., provenant du Japon, et sur laquelle nous ne pouvons donner aucun renseignement pratique. Nous dirons la même chose de l'espèce qui, sous le nom de *U. grandidentata*, a été présentée récemment par M. Rivière à la Société impériale d'acclimatation, avec des branches fraîches des deux espèces *utilis* et *nivea*, toutes les trois cultivées au Jardin des Plantes de Paris.

Pour compléter ces renseignements synonymiques sur les *Urticées textiles*, nous ajouterons que Royle, outre l'*U. dioïca*, l'*U. Cannabina*, le *Laportea Cannadensis* et le *Boehmeria utilis* (*U. nivea* et *utilis* selon lui), indique d'autres espèces, telles que l'*U. parviflora*, Roxb. (*U. virulenta*, Wall), le *Girardinia heterophylla*, le *Mavutia puya* (*U. puya*, Wall), le *Picturus propinquus* (*U. argentea*, Forst.) et plusieurs autres.

Enfin, pour les personnes que ces notices peuvent intéresser, nous indiquerons succinctement certains changements opérés dans la science quant au placement de quelques espèces.

Ainsi une ancienne espèce du genre *Ortie*, connue parmi les botanistes sous le nom de *U. baccifera* (dont les tiges d'une ténacité remarquable, encore peu estimées, et connue à l'île de Cuba sous la dénomination vulgaire de *chichicastre*), a été exclue du genre et a passé à celui *Urera*, sous le nom de *Urera baccifera*, Gaudich. ; l'*Urtica heterophylla*, Bl., passe pour être la *Girardinia Zeylanica*; l'*U. heterophylla*, de Walh, à la *Girardinia Leschenaultiana*, et l'*U. heterophylla*, de Wall, à la *Girardinia heterophylla*. L'*Urtica nivea*, L., est la *Boehmeria nivea*, Hook, et l'*U. utilis* est la *Boehmeria utilis*, Bl.

La séparation faite de quelques anciennes *orties* pour former le genre *Boehmeria*, a eu divers motifs très-fondés, et parmi eux, celui de la pubescence inerte des espèces formant aujourd'hui le *Boehmeria*, au lieu d'a-

voir des poils irritants comme dans celles qui sont res-
tées pour former le groupe des véritables *Orties*. Les
deux genres se distinguent aussi par d'autres caractères
saillants, tels que celui du calice des fleurs femelles des
Boehmeria, qui est entier et urcéolé, tandis que dans
les *Orties* il est quatrifide, etc. Mais, malgré le fondement
de ces différences pour donner un nom divers aux *Orties*
qui nous occupent, nous doutons beaucoup que le
monde agricole et industriel acceptent le nouveau de
Boehmeria.

II.

Histoire de l'introduction de l'Ortie de la Chine en Europe, et particulièrement en France.

Quelques espèces d'*orties* gigantesques et les fibres textiles qu'elles procurent, ont été connues en Europe depuis plusieurs années. Tout porte à croire, dit M. le professeur Decaisne dans l'intéressant mémoire que nous avons déjà cité, que les fibres de l'ortie de la Chine ont été employées au VIIe siècle. Lobel, sous le règne d'Élisabeth, savait déjà qu'aux Indes, à Calicut et à Goa, on fabriquait des tissus très-fins, avec diverses orties, qu'on importait en Europe (1). En Hollande surtout, on recevait cette substance et on fabriquait des étoffes préférables à celles du lin, et il ajoute la curieuse indication que le nom *neteldoek*, donné aujourd'hui à la mousseline

---

(1) Dans la séance du 16 avril dernier, de la Société impériale d'acclimatation, M. R. de la Blanchère, fils d'un des membres les plus zélés, communiqua une note très-curieuse appuyée sur une citation du 120e vers des *Géorgiques* de Virgile, qui semble se rapporter aux *fibres textiles que les Chinois retiraient d'une plante*, et qui ne pourrait être autre que l'Ortie de ce pays. (Voyez *Bulletin*, numéro d'avril 1869.)

dans ce pays, dérive des racines ɴᴇᴛᴇ̀ʟ, *ortie* et ᴅᴏᴇᴋ, *étoffe*.

On savait aussi que l'*ortie de la Chine* était cultivée en Corée et au Japon. Déjà Charlevoix en parle sous le nom qu'on lui donnait de *Tjso* (*Hist. et descrip. du Japon*, t. II, p. 601). Kœmpfer en fait mention comme étant employée à fabriquer plusieurs sortes d'étoffes fines et grossières (*Hist. nat. civile*, etc., *du Japon*).

Le vague de ces renseignements anciens ne disparaît pas complétement quand on en examine d'autres plus récents. Ainsi, par exemple, M. Nicolle, de l'île Jersey, cite que dès 1815, M. Farel cultivait à Montpellier des pieds d'ortie de la Chine, qui ont depuis supporté le froid des hivers et la sécheresse des étés ; mais il ne nous dit pas d'où ces plantes procédaient. M. Pépin, dans un mémoire écrit en 1844, et dont nous faisons mention plus loin, parle d'une touffe plantée en 1820 dans la propriété de M. Poppenheim, à Combes-la-Ville, qui pendant plusieurs années a conservé ses tiges, et dont la hauteur en 1825, était de 4 à 5 mètres, ce qui nous semble extraordinaire.

Le célèbre professeur André Thouin en avait déjà recommandé la culture dans le midi de la France, vers la même époque, vu les résultats favorables obtenus, mais malheureusement non suivis.

C'est de 1836 que date le premier envoi de graines de l'ortie, sous le nom de *a-poo*, fait à M. Pépin par M. Hébert, qui, par ordre du gouvernement français, voyageait aux Philippines et en Chine. Les graines étaient accompagnées d'une notice sur les étoffes fabriquées par les habitants de ce dernier pays. Ce premier envoi et un autre fait par Gaudichaud en 1837, furent partagés entre divers cultivateurs, et l'Algérie y participa aussi. Les graines, semées au printemps suivant, ont très-bien réussi selon M. Pépin, qui recommanda vivement la culture comme avantageuse sous plus d'un aspect.

M. Réguier, directeur de la pépinière départementale de Vaucluse, avait récolté des graines ; mais chez Soulange Bodin, à Ris-Orangis et au Muséum, les plants n'ont commencé à fleurir qu'à la fin d'octobre et en novembre. Des individus provenant déjà des graines récoltées, ont commencé à fleurir en 1840 et plus encore en 1842 et 1843. Mais M. Pépin ajoute que le climat du Nord ne leur convenait pas. Il fait aussi la remarque intéressante, quoique indiquée déjà dans les livres chinois, que la multiplication par graines offrait le danger de ramener la plante à une rusticité plus marquée. On sait que ce résultat est offert par beaucoup de plantes.

Quoique ce ne soit pas ici la place de le signaler, nous dirons que les graines reçues par M. Pépin étaient sans doute de l'espèce septentrionale, en Chine, ou de l'*Urtica nivea,* d'après la description des plantes que lui-même en donne.

L'année même que ce savant agronome appelait, par sa notice, l'attention du public sur l'*Ortie de la Chine,* M. Decaisne, professeur au Muséum d'histoire naturelle, recevait des plantes du pays, envoyées par M. Lechandier, chirurgien de la corvette *la Favorite,* lequel avait trouvé ces plantes en Chine, à 120 kilomètres de la rivière de Nankin. Il accompagnait l'envoi de notes intéressantes sur la culture et la préparation des orties dans ces régions. Déjà, à cette époque, le zélé voyageur annonçait que ces plantes croîtraient bien sur les revers des fossés des environs de Cherbourg.

M. Decaisne fit savoir que la plante portait à Java le nom de *ramié,* et que les feuilles étaient plus longue-

ment acuminées que celles de l'*U. nivea* et *grisâtres*
en dessous. Il énonçait aussi que les fibres de couleur
blanc verdâtre provenaient de l'*Urtica nivea* et celles d'un
blanc nacré, du *ramié*.

On trouve déjà dans le travail du savant professeur
l'indication précieuse, confirmée plus tard par les rapports arrivés de la Chine, que le *ramié* était une plante
quatoriale, et l'*U. nivea* une plante de climats tempérés. Nous avons déjà émis notre avis sur les assertions
de M. Decaisne relativement à la différence qu'offrent
réellement les deux espèces d'orties (1), et malgré les
opinions contraires d'autres botanistes, comme de l'ensemble de tous les renseignements, il paraît résulter
que le *ramié* n'est autre que la plante désignée par
Blume sous le nom d'*Urtica utilis*.

Ce fut aussi vers cette époque que le vif intérêt excité
par les études et les recommandations de M. Decaisne,
suggérèrent l'idée de cultiver la nouvelle plante textile en
Algérie et dans le midi de la France. Dans le nord, la
culture à l'air libre n'a donné que de mauvais résultats ;
la plante souffre, périt parfois dans les hivers rigoureux, et les graines n'arrivent jamais à maturité. Les
essais sur la côte d'Afrique ont été probablement plus
nombreux que partout ailleurs. La conviction est deve-
nue générale que l'ortie de la Chine végète et fleurit
parfaitement, et, malgré cela, aucune plantation sérieuse
n'a été continuée. Le manque de connaissances pour préparer la fibre et celui d'un marché pour la vendre, peu-

(1) Le mémoire de M. Decaisne a été inséré dans le n° d'avril 1845
du *Journal d'agriculture pratique* et dans la *Revue horticole* de
la même année.

vent bien avoir arrêté les entrepreneurs. Avant 1854, on la cultivait déjà, puisqu'on voyait de beaux échantillons dans le musée algérien ouvert à Paris. M. Léon de Rosny publia, en 1858, un petit opuscule sur sa culture et sa préparation.

M. Hardy, qui dirigeait alors le jardin d'acclimatation de l'Algérie, procura au docteur Sacc des pieds d'ortie qui furent plantés en Alsace, dont le climat ne permettait pas la végétation à l'air libre. Une chose semblable arrivait en Belgique aux plantes qu'on possédait depuis des années dans l'établissement de Maison-de-Melle-lès-Gand.

Le climat de l'île de Jersey semble lui être très-favorable, puisque M. Nicolle, qui s'en occupe depuis longtemps, parle dans une petite notice de produits considérables obtenus de l'hectare et de trois coupes par année.

Les efforts pour introduire en France la culture des *Orties de la Chine* se continuèrent avec une persévérance inégale dans les années suivantes. L'attention excitée en faveur des plantations ne semblait pas éveiller l'intérêt des fabricants, comme il était déjà arrivé en Angleterre, ainsi que nous le décrirons plus loin. Parmi les corps savants qui poursuivaient avec ardeur la patriotique entreprise de doter le pays d'une nouvelle et riche branche de production, à la fois agricole et manufacturière, la Société impériale d'acclimatation mérite une mention toute spéciale. Nous allons consigner ici rapidement un résumé succinct extrait de ses bulletins mensuels. Il suffira, du reste, pour témoigner de son zèle infatigable, tout en conservant l'indication précieuse des documents et des notes qu'elle est parvenue à divulguer.

C'était déjà dans la séance du 11 avril 1856 que

M. Taste faisait part des notices envoyées de la Chine par M. l'abbé Guierey, procureur général des Lazaristes, et des graines de l'*ortie*, sous la dénomination de *gui-mâ-tse*. Vers la même époque, la Société publiait dans son Bulletin la traduction des articles sur la culture et la préparation de la plante, faite par M. Stanislas Julien sur les traités spéciaux d'agriculture chinoise.

Un mois plus tard, M. de St-Julien fait savoir, du canton de Vaud, en Suisse, que les graines reçues de la Société avaient germé. Cet agriculteur envoie, le 29 mai de l'année suivante, des échantillons d'étoffes, premiers essais de ses expériences.

Les notices des missionnaires en Chine, continuent d'éclairer la Société dans son œuvre généreuse. Celles de M. l'abbé Bertrand, envoyées sous les dates des 12 et 14 septembre 1856, obtiennent au zélé apôtre, une mention honorable dans la séance du 29 mai 1857.

M. Jacquemart entretient la Société, le 8 avril 1858, des essais faits en trois localités différentes de la France, depuis 1856, les transplantations opérées au printemps suivant, la fructification obtenue, etc.

M. Montigny envoie des graines de la Chine, ce qui permet à la Société de faire des distributions sur une grande échelle, en 1859, époque à laquelle les cultures de M. Jacquemart, prospèrent à Quessy, département de l'Aisne. M. le marquis de Vibraye, s'en occupe aussi à Chiverny (Loir-et-Cher), et il envoie des échantillons de filasse.

Un habile industriel de Lille, que la mort vient d'enlever à une vie constamment laborieuse, M. Terwangne, croyant le moment arrivé où la nouvelle plante allait enrichir l'industrie française, envoyait des exemples du système de teillage qu'il venait d'inventer.

En février 1860, M. Daudin, un mois après M. Édouard, d'Essonnes (Seine-et-Oise), soumet à la filature les échantillons de filasse obtenus par le marquis de Vibraye dont nous venons de faire mention.

Un remarquable travail de M. Dupuys, sur l'ortie de la Chine, la différence de ses espèces, leur origine respective, et la qualité des fibres, est présentée dans la séance du 20 avril de la même année, et en août, M. Terwangne envoie des échantillons d'orties de Siam et de Chine, rouies par son procédé.

L'année 1860 se termine par la communication de renseignements utiles de M. Sacc, qui recommande en outre un ouvrage iconographique chinois sur les urticées textiles qu'on vend à Canton. Cette notice avait pour but d'éclairer le problème, encore obscur, de la diversité des espèces industrielles, et venait répondre en partie à la recommandation faite, huit mois auparavant, par M. Dupuys de faire venir de l'Inde, de la Chine, du Japon, etc., des graines, des boutures, des racines et de jeunes plants de toutes les variétés, avec des échantillons de fibres et d'étoffes et des notes sur le climat, le sol et les modes de culture. La Société n'a pas négligé ces importantes indications.

Dans la séance du 22 mars 1862, la constatation que les industriels français n'avaient pas encore réussi à tirer un bon parti de l'ortie textile, provoqua la mesure prise par la Société d'écrire, sur ce sujet, à des habiles fabricants qui se trouvaient en Chine.

En attendant, le zèle des missionnaires ne faiblissait pas. M. l'abbé Voisin transmettait d'intéressantes notices sur la plante, et plus tard, le 2 octobre 1863, on recevait de Msr Guillemin, évêque missionnaire, cinq kilos de graines, des spécimens de la tige filamenteuse, et des tissus divers.

De nouveaux succès de la culture en France continuaient d'entretenir l'espoir de la Société d'acclimatation. L'ortie de la Chine donnait de bons produits, même dans l'Ouest, et l'administration des forêts de la couronne, envoyait le 4 mars 1864, des échantillons de fibres d'ortie de la Chine à divers degrés de préparation pour la filature.

Dans la séance du 18 mai 1866, M. Paul Champion remet à la Société des racines de l'ortie, qu'il avait rapportées de Chine, et donne des renseignements utiles sur la culture dans la province de Kiang-Se, d'où elles proviennent.

Enfin, l'année suivante, la Société put faire de nouvelles distributions de graines envoyées de la Chine par M. Dabry, persévérant ainsi, jusqu'à l'époque actuelle, à favoriser la propagation en France de cette intéressante plante, dont l'emploi industriel à Nice, comme nous le dirons bientôt, a excité récemment son enthousiasme et ranimé sa décision de protéger par tous les moyens en son pouvoir, cette nouvelle branche de richesse publique.

III.

Introduction des fibres de l'Ortie de la Chine dans la manufacture anglaise. — Excellents résultats. — Essais infructueux en France.

Dans le cours de cette revue historique, où tant d'essais fructueux et encourageants ont été signalés pour répandre la culture de l'Ortie de la Chine en France, nous n'avons pas eu à mentionner de semblables tentatives de la part de l'industrie. L'Angleterre donnait à la même époque un exemple différent, car la première introduction faite des fibres textiles provenant de Java (introduction que nous allons mentionner), avait trouvé des industriels bien disposés à essayer la fabrication, la culture leur étant refusée par leur climat.

Nous trouvons la mention de cette première introduction en Angleterre, dans un rapport de la chambre de commerce de Lille, reproduit dans le n° 1514 de la *section Indo-Chine* des *Annales du commerce extérieur*. Nous le consignons ici, comme document curieux et intéressant.

« Avant 1847 (1), le fils d'un filateur de Leeds débarquait

_____

(1) Le rapport de Lille ne fixe pas précisément l'année, qui doit

Java. Son attention, éveillée par le souvenir des travaux de la maison paternelle, se fixe sur les engins de pêche des indigènes et les vêtements dont ils se couvrent. Il s'informe de la plante textile qui sert à les produire et il rapporte à son père une petite quantité de cette plante à laquelle il donne le nom qui lui est resté en Angleterre, celui de *China-grass*. Le père du jeune marin, M. Margrave, employa la pacotille de son fils à fabriquer du fil à coudre; mais jugeant que les propriétés du *China-grass* permettaient de l'employer concurremment avec la soie et la laine, si on en faisait l'objet d'une fabrication spéciale, il en parla à son confrère, M. Marschall. Ce dernier était alors comme il l'est encore aujourd'hui, à la tête de l'industrie linière à Leeds. La filature du lin lui doit plusieurs de ses perfectionnements (1). D'après l'indication de M. Margrave, il s'occupa de la filature du China-grass. L'établissement qu'il créa comptait douze cents broches, et il est arrivé à filer du n° 250 pour batiste. Le rapport de Lille voudrait des résultats plus remarquables, et il attribue ce retard au haut prix de la matière première.

« M. Margrave filait le China-grass à l'eau sur des métiers à filer le lin. Il avait un fil fort, mais il ne tirait pas parti de la propriété très-précieuse qu'a la fibre du China-grass de se diviser à l'infini par des préparations spéciales.

---

avoir été avant 1845, puisque dans le journal *London mail* du 24 juin, il est fait mention de la filature avec de bons résultats du *China-grass* à la mécanique établie par les frères Hargrawe.

(1) Nous eûmes occasion de visiter le magnifique établissement de M. Marshall, à Leeds, à notre retour de Belfast, où nous étions allé en 1851 pour étudier le procédé de rouissage du lin à l'eau chaude.

« M. Marschall, quand il eut prit la direction des essais, fit faire un très-grand pas à cette industrie en blanchissant, avant le travail, la matière première dont les fibres deviennent ainsi susceptibles d'une extrême division. Mais ce blanchiment opéré, il continua comme M. Margrave, à peigner, étirer le China-grass, à la façon du lin et à le filer sur des machines modifiées, mais dont les principes étaient toujours ceux des machines à filer le lin mouillé. Ce blanchiment préalable permettait bien de filer plus fin, mais il enlevait la force au produit, et les batistes faites avec des fils ainsi préparés, se cassaient à l'endroit des plis. On perdait de plus la principale qualité du filament, le brillant soyeux que le blanchiment et la teinture lui donnent avant la filature et que le passage dans l'eau fait disparaître (1).

« Plusieurs brevets ont été pris en Angleterre et en France pour le dégommage et le blanchiment du Chinagrass, et la question de cette préparation semble aujourd'hui résolue. Mais, la filature ne faisait pas de progrès. Après l'établissement de M. Marschall à Leeds, nous n'avons entendu parler que de la petite filature de M. Edwards à Dundee.

« La question en était là lorsque dans ces derniers temps, le haut prix du coton attira de nouveau l'attention des industriels sur le china-grass. MM. Batley et

(1) Nous ne sommes pas compétent pour apprécier la valeur de ces critiques du rapporteur de Lille, mais il aurait été plus décisif de les remplacer par des exemples de fabrication du *China grass* en France, qui ne les eussent pas mérités. Quant aux défauts indiqués dans les batistes, nous ignorons à quelle époque de la fabrication Marshall ils se rapportent ; mais certainement les beaux mouchoirs que cet habile industriel nous fit remettre en 1851, ne les présentaient point.

Greenwood, les habiles constructeurs de Leeds, s'en sont occupés spécialement, et une filature a été montée dernièrement dans cette ville, avec des métiers faits par eux. On parle d'en construire une autre en Suisse. Les machines de MM. Batley et Greenwood sont, à quelques modifications près, celles employées pour peigner, étirer et filer la bourre de soie. On peut ainsi conserver le brillant à la matière première, ce qui n'est pas possible avec le système de M. Marschall, et on produit un fil qui peut rivaliser avec la bourre de soie et se marier avec la laine et le coton. »

Le rapport de la chambre de commerce de Lille, donne des renseignements sur les produits obtenus du China-grass par les nouvelles machines qu'il vient de mentionner, et dans la partie qui concerne l'Angleterre, il dit ceci : que la freinte au blanchiment est d'environ 25 p. 100 du poids brut ; qu'on obtient au peignage 40 p. 100 de filaments longs ; que les étoupes (1) peuvent être mélangées au coton ; et enfin, qu'on estimait, en Angleterre, la perte totale sur les qualités ordinaires de China-grass, à 50 p. 100 environ, entre la matière brute et la matière peignée.

Ce qui doit surprendre dans ce rapport, du reste très-intéressant, c'est son mutisme absolu sur l'Exposition universelle de Londres en 1851, et le défaut de mention des exposants, qui avec M. Marschall, ont contribué à la richesse des vitrines des produits anglais de China-grass. Il est vrai que l'auteur avoue n'avoir entendu parler que de M. Marschall et du petit filateur de Dundée.

---

(1) *Les étoupes !* Conservons ce fait qui nous servira en parlant des essais infructueux de Rouen.

On pourrait reprocher aussi à ce document, sa tendance à faire admettre que les améliorations des nouvelles machines avaient pour but de travailler une espèce de bourre de china-grass, pour la marier avec la laine et le coton, lorsque ce mélange ne se faisait point qu'avec les étoupes. Un peu plus tard, dans une lettre adressée au *Moniteur* et imprimée dans le n° du 1er février 1865, M. Cordier, secrétaire de la chambre du commerce de Rouen, s'est montré plus instruit sur les fabricants anglais du China-grass, puisqu'il cite MM. Marschall de Leeds, Atkinson, Wright et Cie, parmi d'autres, comme ayant *su en tirer un produit fort remarquable.*

C'est effectivement à Londres, en 1851, que les fabricants de China-grass ont montré, aux visiteurs surpris, les progrès qu'ils avaient faits dans une industrie complétement ignorée partout ailleurs en Europe, excepté chez eux; et c'est là aussi que nous avons profité d'une occasion aussi favorable pour étudier cet ensemble de produits qui embrassaient toutes les branches de la manufacture, depuis les préliminaires de la désagrégation et le blanchiment de la fibre, jusqu'à la filature, la teinture et le tissage en une grande variété d'étoffes. Parmi celles-ci, il y en avait qui étaient fabriquées avec la matière végétale toute seule, et parmi celles-ci, nous citerons les toiles de M. Marschall, imitant et même dépassant ce qu'on pourrait faire de plus beau avec le lin, et d'autres mélangées avec le coton, la laine et la soie. Les draps confectionnés moitié laine et moitié China-grass par trois maisons, étaient remarquables.

Nous nous sommes mis en relation avec ces exposants, et ils nous ont procuré la plus belle collection de produits en china-grass qui probablement s'est formée jusqu'ici. Nous l'avons remise, avec toutes les autres séries de diverses matières manufacturées réunies dans le palais de Cristal, au gouvernement espagnol, qui nous avait chargé d'étudier l'Exposition. De ce riche ensemble catalogué, étiqueté et accompagné de notes, il ne reste que la liste, que nous avons eu la prévision d'imprimer dans l'appendice de notre rapport. Nous ne savons pas que personne ait profité de nos recherches, car tout est tombé dans l'oubli et l'indifférence la plus complète. Nous sommes heureux, au moins de donner ici un faible témoignage de notre reconnaissance aux nombreux exposants anglais qui ont si bien secondé nos desseins, et particulièrement à ceux de produits en china-grass.

L'industrie anglaise a continué à s'occuper de cette substance, malgré les difficultés qu'apportait à son développement la cherté de la matière première venant de Chine. Depuis les grandes introductions dans ce pays des cotonnades européennes, le tissage à bras des fibres textiles indigènes a commencé à diminuer au point que la culture, assez dispendieuse, s'en est ressentie. De là, et de quelque autre cause que nous ignorons, les prix dans le marché chinois ont augmenté au point de devenir supérieurs à ceux qui pouvaient payer l'industrie européenne dans les ports d'arrivée. Par ces motifs, et malgré la persévérance anglaise, la manufacture du china-grass exotique se trouve aujourd'hui paralysée ; mais il est plus que probable que les fabricants ne se laisseront pas décourager, puisqu'il leur reste la ressource d'aller demander la fibre du *ramié* aux immenses possessions britanniques de l'Inde, où cette remarquable espèce d'ortie gigantesque, se produit admirablement.

Revenons maintenant en France, où nous n'avons pas vu aboutir tous les efforts employés en faveur de la culture, pour donner quelque élan à l'emploi manufacturier de la fibre. Mais, en 1864 et 1865, la crise cotonnière qui avait surexcité la fabrication anglaise du china-grass, éveilla aussi l'attention des industriels français vers la même plante.

« Déjà bien avant la guerre d'Amérique, dit M. Dalloz « dans la série intéressante d'articles qu'il publia, à ce « sujet dans le *Moniteur*, on avait cherché un substitut « ou tout au moins un rival au roi coton. Le conflit « américain, en privant notre continent d'une partie des « cargaisons cotonnières que les États-Unis avaient « l'habitude de lui adresser, a stimulé encore davan- « tage ce zèle de recherches de la part de nos industriels. « La chimie s'est mise de la partie pour aider à trans- « former en matières textiles, prêtes à passer sous les « mêmes métiers que le coton, les plantes filamenteuses « les plus diverses et à les rendre aptes à recevoir de « solides teintures. »

Ce fut alors aussi le tour de l'*Ortie de la Chine* ou *China-grass*, assez dédaignée auparavant par les industriels, comme nous l'avons dit plus haut ; mais leurs efforts ne se sont pas concentrés sur la production d'étoffes de china-grass filé pur, et tissé seul ou mêlé avec des fils de coton ou de laine, comme faisaient les Anglais : ils eurent l'idée de carder cette fibre longue et précieuse avec le coton.

Il est vraiment curieux de suivre la série de travaux que d'habiles industriels français ont entrepris pour parvenir à ce résultat, présenté sous les couleurs les plus favorables et les plus avantageuses. MM. Mallard et Bonneau avaient trouvé des moyens de désagréger et de blanchir la fibre, dont ils réclamaient la priorité sur celui de M. Terwangne, mentionné par nous plus haut. Cela avait lieu à Rouen vers la fin de **1863**, pendant qu'à Lille on cherchait aussi les moyens d'approprier l'Ortie de la Chine aux machines spéciales employées pour le coton. On fit des essais sur des masses de fibres brutes procurées par le ministère de l'agriculture et du commerce, et en janvier **1864**, M. Bertel soumettait à l'examen de la chambre de Rouen des échantillons d'étoffes moitié *china-grass* et moitié *coton jumel*. Ce premier travail avait été *difficile et peu concluant;* d'après le même rapport, un second essai déjà *satisfaisant* fit décider l'achat de 300 kilos de china-grass. Les tissus participaient sans doute des qualités des fibres de la plante chinoise et de celles du coton ; mais les recommandations consignées dans un rapport de M. Cordier étaient plus absolues. On disait, en effet, que la manipulation de la matière préparée par MM. Mallard et Bonneau, mélangée avec 50 p. 100 de coton jumel, ne présentait aucune difficulté sérieuse, ni pour la filature, ni pour le tissage, ni pour l'impression, ni pour la teinture, en se servant des machines et outils, ainsi que des procédés généralement employés à Rouen. Sous le point de vue commercial, on présentait le china-grass comme plus qu'un équivalent du coton, eu égard aux qualités qui lui étaient propres. Enfin, sous le point de vue du prix de revient des nouvelles étoffes, le rapporteur admettait pour base l'engagement pris par les inventeurs brevetés, de fournir le china-grass prêt à être cardé avec le coton, au prix maximum de 1 franc 57 centimes le kilogramme, ce qui, au cours d'alors des cotons, déterminait une moyenne de plus de 30 p. 100 au-dessous du coton en laine.

On ajoutait encore une autre recommandation, tirée
le la comparaison des étoffes en lin et des étoffes en
:oton, dont la différence de prix était surtout le résultat
les manipulations plus compliquées et plus coûteuses
que nécessite le travail du lin. Or, l'invention de
MM. Mallard et Bonneau ayant pour effet d'assimiler
industriellement le china-grass au coton, on faisait de
:e chef un article de bas prix, c'est-à-dire, entrant dans
les conditions qui sont propres à la région normande.

Appuyé sur ces raisonnements, le rapporteur proposait, entre autres choses, la création d'un établissement
industriel destiné à préparer le china-grass.

A la même époque, on fit une exposition des produits obtenus, qui fut admirée par tous les visiteurs.

Les expériences ayant été continuées sur une plus
grande échelle, et parmi celles-ci figurait la teinture en
diverses nuances, on obtint des résultats également
satisfaisants dans toutes les branches de cette fabrication
mixte des deux espèces de fibres. Un second rapport de
M. Cordier consigne tout cela en termes encore plus pré-
cis et plus encourageants.

Nous avons parlé déjà du prix de revient de la matière première obtenue par le procédé de MM. Mallard
et Bonneau. 100 kilogrammes donnaient 75 de matière
cotonnière, 8 de résidus propres à la fabrication du
papier, et 17 de déchets propres à l'engrais. Le coton
d'Égypte valait à cette époque 5 fr. 60 c. le kilo ; ce qui
donnait une différence de 4 fr. 03 c. en faveur du china-
grass ; cette différence ajoutée aux frais de nettoyage
du coton et au déchet, estimés en filature à 10 p. 100
ou 56 c., la faisait monter à 4 fr. 59 c., ce qui parais-
sait *énorme* à M. Dalloz.

Comment donc tant d'avantages, favorisés par une

circonstance unique de l'élévation du prix du coton, n'ont-ils pas décidé les filateurs à entrer dans la voie qui leur était recommandée ? Pourquoi les essais tant prônés ne se sont-ils pas transformés en spéculations lucratives qui, malgré le rétablissement des prix du coton, pouvaient encore offrir des résultats avantageux ? M. Sacc l'avait prédit dans une lettre écrite de Barcelone, le 15 novembre 1864, et imprimée dans le *Moniteur* du 1ᵉʳ février 1865 : « Mêler, disait-il avec raison, la fibre « de l'ortie à celle du coton est une erreur économique à « ranger à côté de celle qui faisait proposer , il y a quel- « ques années, la substitution du lin désagrégé au coton ; « c'est vouloir changer de l'argent en plomb. »

En effet, par sa nature, la fibre du coton est *cardable* par opposition à celles du chanvre, du lin èt du china-grass, qui sont *peignables*. Pour réduire celles-ci à un état qui permette de les mêler avec le coton, il faut commencer par les couper en brins d'une longueur proportionnée, et pour faire cela, il faudrait un outil-lage spécial, car celui du coton présenta des difficultés qui ont été sincèrement avouées lors des premiers essais faits en 1863.

Cette même observation vient encore d'être faite, par M. Caillard, dans la brochure qu'il a publiée pour la *désagrégation de toutes les matières textiles*. « La réduc- « tion des fibres de china-grass à 28 ou 32 millimètres, « est longue, embarrassante et demande des machines « toutes spéciales, sans quoi celles à filer le coton ne « feraient rien de bon. »

Quoique nous soyons aussi convaincu que les fibres du china-grass doivent être peignées et non pas cardées, pour les utiliser convenablement dans l'industrie de la filature et du tissage, rien n'empêche qu'on profite des résidus du peignage, c'est-à-dire des étoupes, pour les mêler et les carder, soit avec le coton, soit avec la laine, mélange avec lequel on pourrait fabriquer des étoffes remarquables par leur solidité et leur résistance. Il y avait, avons-nous dit déjà, divers échantillons d'étoffes de ce genre à l'exposition de Londres en 1851. Nous avons dit déjà, que les Chinois fabriquent de temps immémorial, des tissus avec du coton ou de la soie, combinés avec les fils de *china-grass*, en formant la chaîne et la trame respectivement avec l'une de ces substances, mais sans les employer cardées ensemble, comme on avait essayé de le faire à Rouen, en 1864.

Comme il arrive presque toujours, lorsque les entreprises sont mal organisées dès le commencement, elles conservent un vice originaire, et le découragement succédant à un enthousiasme passager, produit en définitive l'abandon et presque l'oubli d'une idée qui aurait dû devenir féconde et profitable.

Attribuant à la plante les mauvais résultats de la pensée conçue, beaucoup de fabricants ne se sont plus souciés des succès qu'on continuait d'obtenir en Angleterre, malgré la contrariété immense d'un marché incertain pour l'achat d'une matière première, que personne ne pouvait songer à faire cultiver sous le ciel des îles Britanniques.

IV.

Nous avons dit que les efforts de la Société impériale d'acclimatation, en faveur de la culture de *l'Ortie de la Chine*, en France et en Algérie, n'avait pas discontinué. Des graines et du plant furent distribués partout, et pendant notre séjour, à Nice, l'hiver dernier, nous eûmes la satisfaction de voir les beaux résultats obtenus dans ce charmant jardin tropical de la France.

Les graines qu'avait reçu en partage, la Société d'agriculture des Alpes-Maritimes, semées au jardin du bois du Var, avaient donné de belles plantes fleuries et fructifiées, ce qui permit de les multiplier. La Société s'en occupait avec zèle, et son bulletin contient divers témoignages et surtout un rapport du professeur de physique du lycée de Nice, M. Audoynaud, sur les études qu'il a faites et les conclusions qu'il a déduites, que nous consignons dans les instructions insérées à la fin de ce travail.

A la même époque, la Société de lettres, sciences et arts de Nice, profitant de l'exposition des produits du département, qu'elle venait d'ouvrir au public au mois d'octobre 1868, eut l'heureuse idée d'y comprendre, avec les preuves vivantes de la végétation de l'Ortie de la Chine sous le beau ciel de ce pays, une série d'échantillons des fibres préparées, et des tissus qu'on pouvait obtenir.

La vue de la plante et de ses produits, réveilla nos souvenirs de 1851, renouvelés par intervalles dans les séances de la Société impériale d'acclimatation de Paris. Nous nous empressâmes de lui faire part, dans le mois de décembre (1), de ce que nous venions de voir à Nice, lui exprimant en même temps, notre conviction, que la culture de l'*Ortie de la Chine*, pourrait prendre un grand développement dans ces contrées du midi de la France, ainsi qu'en Algérie et dans l'île de Corse. Une semblable communication fut adressée à l'Académie des sciences, et à différents journaux de Paris (2). Nous insistions sur la culture en Corse, parce que aux circonstances du climat et des terrains marécageux de la côte, qu'il convenait d'assainir, venait s'ajouter celle de l'établissement récent de trois colonies pénitencières, dont la population vigoureuse trouverait dans la culture de l'Ortie de la Chine, sur une grande échelle, un emploi profitable sous les deux aspects hygiénique et agricole. Nous prévoyions déjà la transformation de ces grandes étendues malsaines devenues plantations de la plante textile la plus riche du monde, qui outre sa valeur intrinsèque et l'aliment nouveau qu'elle offrirait à l'industrie française, la soustrairait à la nécessité où elle se trouve, d'acheter chaque année à l'étranger trente-six millions de kilo-

(1) Insérée dans le *Bulletin* du mois de janvier 1869.
(2) Voir *l'Économiste français* du 20 janvier.

grammes de matières premières textiles, qui représentent une valeur de soixante-sept millions de francs (1).

Le succès de la culture sous le climat de Nice, avait suggéré l'idée à M. Houpiart-Dupré, ancien habitant de l'île de la Réunion, de monter une fabrique pour la désagrégation, le blanchiment de l'Ortie de la Chine, et le tissage de cette matière; mais il n'a pas été heureux dans ses efforts, brusquement interrompus pendant notre séjour. Le projet, dont la base nous a toujours paru incontestable, fut repris et organisé avec les plus grandes chances de succès, par l'actif et intelligent M. F. F. B. Childers, qui établit de suite une fabrique de *passementerie* avec le fil de l'*Ortie de la Chine*, boulevard de l'Impératrice, n° 14.

Nous avons eu le plaisir de voir et d'admirer la beauté et la variété des produits obtenus dans si peu de temps. Cette fabrique, qui bientôt agrandira ses ateliers pour comprendre toutes les autres confections auxquelles le *china-grass* se prête, offrira une solide garantie de placement aux cultivateurs qui voudraient s'adonner à cette culture nouvelle et profitable. Cette culture est en outre très-facile, puisque la plante se multiplie par graines, par boutures ou par racines, tellement elle est vivace. On peut faire plusieurs coupes par année, selon les terrains et la saison. Quatre et même cinq sont ordinaires dans l'Inde et la Chine; sous le ciel d'Afrique, nous croyons qu'on pourrait en obtenir jusqu'à trois, les champs étant bien arrosés.

La tête pleine de ces idées, nous sommes revenu à

---

(1) Nous avons exposé ces idées dans l'*Annuaire du département des Alpes-Maritimes* pour 1869.

Paris à la fin de mars, et nous nous sommmes empressé de présenter à différentes Sociétés savantes les beaux échantillons de passementerie que nous avions apportés de Nice. Toutes le sont vus avec enthousiasme et satisfaction. Prévoyant aussi que l'établissement de fabriques où la matière première serait achetée, était un des moyens les plus efficaces de seconder les encouragements donnés à sa culture, ces diverses Sociétés ont chargé des commissions pour leur proposer les moyens de parvenir à cet heureux résultat.

Déjà, dans ce but, la Société impériale d'acclimatation a inséré dans son Bulletin une instruction sommaire pour la culture et la préparation première des fibres, que nous allons reproduire en éliminant tout ce qui deviendrait une répétition, après ce que nous venons d'exposer, et il est à espérer que d'autres mesures ne se feront pas attendre pour encourager une branche agricole, dont le manque absolu de ses produits exotiques vient favoriser les résultats en France.

Nous avons jugé opportun de faire précéder la notice que nous allons transcrire, d'une autre sur l'histoire de l'introduction de la plante en Europe et surtout en France, que nous désirons voir suivie, par quelqu'un, d'un troisième travail qui constate les plus heureux succès.

V.

Préparation du terrain, moyens de multiplication et culture de l'Ortie de la Chine.

En parcourant les nombreux écrits chinois et les rapports des missionnaires et des délégués qui composaient la mission scientifique en Chine, on reste convaincu que les agriculteurs de ce pays donnent à la culture des Orties gigantesques dont ils emploient les fibres, des soins extrêmement minutieux qui, sans manquer d'utilité, ne nous semblent pas indispensables en France ; et je crois pouvoir appuyer mon assertion sur la qualité même des produits obtenus ici, produits qui ne sont en aucune manière inférieurs à ceux qui nous viennent du Céleste Empire. Aussi, je rendrai plus facile le but que je me propose, en simplifiant autant que possible les procédés à employer pour cultiver la plante et donner à ses fibres les préparations premières que leur emploi manufacturier exige.

L'*Ortie de la Chine*, de laquelle nous allons nous occuper spécialement, n'est pas l'*Urtica nivea*, remarquable par le dessous de ses feuilles d'une blancheur argentée ; c'est l'*Urtica utilis*, plante d'une vivacité extraordinaire, originaire des régions méridionales, à feuilles plus grandes, plus longuement acuminées et *grisâtres* à la partie inférieure. Les tiges de cette plante peuvent donner jusqu'à quatre coupes par année, selon les climats, les terrains et les soins donnés à sa culture. Elle se multiplie par graines, par marcottes, par boutures et par éclats de ses racines. Le premier moyen de multiplication est difficile à pratiquer, plus long dans ses résultats et expose la plante à revenir à l'état sauvage où rude de ses fibres textiles ; en outre, les tiges n'arrivent à l'état vigoureux que demande la coupe, qu'à la seconde année. La méthode, par éclats des racines, est préférable ; mais comme il suppose l'existence d'une plantation adulte, ce qui n'est pas commun de trouver en France, il devient nécessaire d'employer préliminairement le moyen de multiplication par graines.

Celles-ci, étant extrêmement petites, demandent une préparation spéciale du sol et des soins délicats, plus généralement pratiqués par les horticulteurs et les jardiniers que par les cultivateurs en grand. C'est par cette raison que les premiers feraient bien de s'occuper de la multiplication par graines, pour vendre les plantes aux seconds. En tous cas, voici le procédé :

On choisit et l'on prépare au printemps quelques plates-bandes de terre sablonneuse, légère, riche de sa nature, ou rendue telle par une fumure. On la laboure, on l'émiette, on l'aplanit soigneusement, avant de lui confier la graine.

Celle-ci peut être stratifiée d'avance entre deux feuilles

de papier buvard ou dans un linge mouillé ; et lorsqu'on voit qu'elle est prête à germer, on la sème. Mais, la graine étant, comme je l'ai dit extrêmement fine, il me semble utile de suivre le procédé décrit dans les livres chinois, de la mèler avec cinq fois autant de terre humide, et répandre ce mélange sur le terrain préparé en ayant soin de le distribuer avec égalité. Après avoir semé, il n'est pas besoin de recouvrir les graines ; car si on le faisait, elles ne germeraient pas.

On recommande aussi de couvrir le terrain sur lequel on a fait le semis, avec une couche assez épaisse de paille ou de feuilles sèches, pour le garantir des ardeurs du soleil. On trouve aussi l'indication d'établir, pendant l'ardeur de l'été, une espèce de toit avec une toile soutenu par des piquets ou bâtons de 1 mètre à 1 mètre 33 centimètres de hauteur. On arrose légèrement, et on a soin d'entretenir une humidité constante et égale, employant des pommes d'arrosoir, finement trouées, pour empêcher que l'eau n'entraîne la graine. Du reste, on doit employer, pour le semis de l'*Ortie de la Chine*, la méthode adoptée pour la graine de chènevis.

Dès que la graine commence à germer, il faut suspendre les arrosages ; il suffit d'asperger, avec un balai assez trempé dans l'eau, la couche de paille ou de feuilles sèches qui recouvre le semis. Si l'on a établi une toiture en toile ou en paillasson, on la relève la nuit pour que la rosée puisse tomber sur le sol.

Lorsque les plantes paraissent, on peut retirer la toiture et la couche de paille qui les abrite ; il faut arracher les mauvaises herbes et continuer d'entrenir le sol avec propreté et un égal degré d'humidité par des arrosages modérés.

Les Chinois repiquent les petites plantes, pour garnir de nouvelles plates-bandes, dans une terre préparée d'avance comme celle du premier semis. On plante les jeunes pieds avec leurs petites mottes, à la distance de 10 centimètres les uns des autres. On bine fréquemment et l'on arrose de temps en temps.

Ce moyen serait recommandable, dans le cas où l'on aurait besoin de profiter de tout le plan levé, par suite du manque de graine ; mais dans le cas où l'on en possèderait en abondance, il serait préférable d'entretenir le premier semis au moyen d'un sarclage, fait après l'apparition des plantes pour les éclaircir, en conservant seulement celles qu'on doit transplanter plus tard. Ce repiquage se fait au bout de quinze ou vingt jours.

On peut dire que, lorsqu'on arrive à voir les pieds de l'Ortie de la Chine dans cet état, tous les soins délicats qu'exige sa multiplication par semis sont terminés.

On indique des distances diverses pour planter les jeunes plantes, ou les rejetons et les boutures, dont nous parlerons plus loin : tantôt à 50 centimètres seulement, ou quelquefois 70 et 75. La distance influe sans doute sur la qualité de la fibre, car lorsque les pieds sont rapprochés, les tiges s'allongent et les fibres de l'écorce deviennent plus fines et proportionnellement plus abondantes. L'épaisseur de la végétation étouffe, en outre, les mauvaises herbes. Pour ces raisons, la distance de 50 centimètres paraît préférable. Mais si l'on se proposait d'arracher plus tard les racines pour opérer la multiplication, il faudrait le faire, non pas avec la bêche, mais au moyen d'une petite charrue traînée par un cheval. Alors il serait nécessaire de suivre l'indication, transmise de la Chine par le R. P. Bertrand, qui consiste à laisser un sillon de charrues entre chaque deux lignes plantées.

De quelque manière qu'on procède, les champs d'Ortie de la Chine ne demandent pas plus de soins que ceux du chanvre.

Lorsque la plante a été multipliée de graines, les tiges n'ont que 60 à 70 centimètres de hauteur à l'automne qui suit le printemps de la semaille, et par conséquent elles ne sont pas encore en état d'être coupées; il faut attendre à la seconde année. C'est à cause de ce retard, et aussi parce que l'espèce redevient plus sauvage, que l'on n'emploie en Chine ce système de multiplication que lorsqu'on y est forcé, la première fois, à cause du manque de rejetons ou de boutures pour commencer une plantation.

Quand on opère avec les éclats des racines, on les retire facilement du pied des souches mis à découvert, soit avec un couteau, soit avec la bêche, ou au moyen de la charrue. On les place au fonds des sillons ouverts dans un autre champ, en leur conservant leur assiette naturelle, de manière que les boutons germinaux soient tournés en haut, à fleur de terre. Si l'on emploie des boutures, on les couche au fond des sillons. On les couvre et l'on verse un peu de fumier liquide par dessus.

C'est au commencement de mars qu'on plante, mais cela dépend de la saison des pluies. Lorsque les nouvelles tiges commencent à lever, il faut remuer la terre, sarcler et arroser si le temps est sec. Comme la plante pousse par le bas de nombreux rejetons, il faut éclaircir de temps en temps pour donner plus de force aux tiges maîtresses. Il paraît qu'en Chine un champ bien soigné peut durer de quatre-vingts à cent ans.

Les tiges des plantations faites par ces moyens sont en état de donner une première coupe vers le mois de juin ou juillet, et une seconde en septembre. Dans les contrées chaudes de la Chine, on en obtient trois et jusqu'à quatre. Il est probable que le premier résultat pourra être obtenu en Algérie sur des terrains d'arrosage. La récolte de la première année d'une plantation est moins riche que les suivantes.

Récolte des tiges. — Préparation des écorces.

Notre embarras pour décrire un procédé simple de faire la récolte des tiges et la préparation des écorces, est identique à celui que nous avons éprouvé en formulant les règles précédentes relatives à la culture, car nous sommes loin de posséder les renseignements qui pourraient mieux nous servir, savoir : ceux qui proviendraient des expériences en grand, faites sur le sol de la France. Celles-ci n'ayant pas encore eu lieu, nous sommes forcés de recourir aux notices de ce qui se pratique en Chine, en supprimant et en modifiant quelques détails trop minutieux, que nous ne croyons pas nécessaires en France.

Dans les livres chinois, nous trouvons le conseil de ne pas attendre la maturité de la graine pour faire la coupe des tiges. On peut procéder à cette opération par divers moyens, selon qu'on veut faire le détachement de l'écorce en même temps que la coupe des tiges, ou plus tard à la maison. Dans le premier cas, décrit par le P. Bertrand (1), le coupeur, armé d'un couteau, fait une incision au bas de la plante, et de l'autre main il saisit

---

(1) *Bulletin de la Société impériale d'acclimatation*, t. VII, 1re série, p. 263.

les deux écorces, il tire, et la plante se trouve à moitié dépouillée jusqu'aux feuilles. D'un second coup de couteau il coupe le tuyau, et le prenant par le bas d'une main, de l'autre il enlève le restant. Il jette les deux écorces sur le dos et attaque une autre plante, et ainsi de suite. Lorsqu'il en a sur lui une certaine quantité, il la dépose à terre.

Il paraît que les Chinois opèrent ce dépouillement avec une dextérité et une vitesse extrêmes. Les feuilles restent sur place pour servir d'engrais, et avec les tiges dégarnies on fait des allumettes, ou on s'en sert pour entretenir le feu sous la chaudière dont on se sert plus tard pour donner une seconde préparation aux écorces.

On coupe les plantes depuis la tombée de la rosée jusqu'à huit ou neuf heures, afin que l'écorce se détache facilement par l'humidité qu'elle retient.

Lorsque son dépouillement est fait dans les maisons, on y porte les bottes des tiges coupées, et les femmes, avec un couteau de bambou et un autre de fer, les fendent, enlèvent les écorces, et puis avec un couteau elles ratissent la couche inférieure, qui est blanche et recouverte d'une pellicule ridée qui se détache d'elle-même. On trouve alors les fibres intérieures, que les mêmes femmes parviennent à séparer en trois qualités de divers degrés de finesse, avec une adresse toute spéciale. La première couche de ces fibres est dure et grossière, et n'est bonne qu'à faire des toiles communes; la seconde est un peu souple et fine; la plus estimée est la troisième couche, qui sert à fabriquer une étoffe extrêmement fine. On ne découvre pas ces trois qualités dans la matière brute qu'on reçoit en Europe. On n'opère pas non plus ici aucune séparation des fibres dans les écorces taillées par nos procédés.

Dans une notice rédigée par M. Rondot, et qui se trouve dans la section relative à la Chine et l'Indo-Chine des *Annales du commerce extérieur*, l'explication du procédé est encore plus simple. On commence par séparer l'écorce verte du ligneux, et l'on râcle ensuite cette écorce avec un couteau, afin d'en dégager la partie filamenteuse; cette double opération répond au teillage européen. On fait sécher au soleil, on tire les filaments, on les réunit en bottes et on les porte ainsi au marché. Ces filaments sont plongés et maintenus pendant quelque temps dans l'eau bouillante; quand on juge que l'immersion a été assez prolongée, on retire les fibres et on les fait sécher au soleil. On les bat pour les assouplir davantage, on les peigne ou, plus exactement, on les divise à la main.

Dans une petite brochure sur l'agriculture algérienne, publiée par M. Léon de Rosny, nous lisons qu'on pourra simplifier notablement la méthode employée en Chine pour cultiver l'Ortie et en retirer la partie textile; mais que, pour arriver là, on ne saurait trop étudier les procédés qu'une longue expérience a enseignés aux Chinois. A ce sujet, l'auteur rapporte les opérations pratiquées dans l'Assam pour la préparation de ces plantes, et qui consistent :

1° A couper les tiges quand elles deviennent brunes, jusqu'à la hauteur d'environ 15 à 16 centimètres, à partir de la racine. Pour cela, on prend le haut de la tige de la main gauche, et avec la droite on parcourt rapidement jusqu'à la racine, de manière à arracher les feuilles : on tranche la tige avec un couteau aigu, en ayant soin d'être au-dessus du réseau chevelu des racines, car celles-ci doivent être couvertes d'engrais immédiatement après la coupe, afin d'assurer une nouvelle récolte, aussi promptement que possible. On tranche la faible extrémité de la tige et l'on fait des bottes de deux cents à deux cent cinquante tiges, si le dépouillement ne doit pas être effectué dans le champ même; mais il vaut mieux séparer l'écorce et les fibres sur place, car les cendres provenant des résidus brûlés fournissent un bon engrais pour les racines, surtout si on les mélange avec du fumier sec de vache (1).

2° Pour séparer l'écorce et les fibres, l'opérateur prend, à peu près vers le milieu, la tige dans les deux mains; puis, la serrant avec l'index et le pouce, il lui fait subir une torsion particulière, de sorte que la moelle intérieure est rompue. Alors, passant rapidement les deux doigts de la main droite et de la main gauche alternativement d'une extrémité à l'autre, en exerçant une pression, l'écorce et les fibres sont complétement séparées de la tige et forment deux torons.

3° On forme des paquets avec les torons d'écorce et de fibres maintenus réunis en bottes de différentes dimensions, liés au plus petit bout avec un déjet de fibres, et placés dans l'eau claire pendant quelques heures, ce qui a pour but de débarrasser la plante de sa partie colorante, car l'eau devient presque rouge en peu de temps.

4° Le procédé pour le nettoyage est le suivant :

Les bottes sont suspendues au moyen d'un lien, par le petit bout, à un crochet attaché à un poteau à une hauteur convenable pour l'ouvrier qui prend séparément chaque toron, du plus grand bout, dans sa main gauche, passe rapidement le pouce de sa main droite

---

(1) Mais alors il faut renoncer à tirer parti des feuilles pour la fabrication du papier.

dans l'intérieur, et parvient par cette opération à séparer complétement les fibres. Il ne faut plus alors que deux ou trois ratissures avec un petit couteau pour nettoyer complétement le ruban de fibres. Ceci complète l'opération, quoique avec la perte d'un cinquième; s'il est promptement séché au soleil, il peut désormais être considéré comme achevé pour l'exportation. Mais l'apparence des fibres est beaucoup améliorée si on les expose sur le gazon, immédiatement après le nettoyage, à une forte rosée nocturne en automne, ou à une ondée durant la saison des pluies. Après le séchage, la couleur est améliorée, et l'on n'a plus à craindre que les fibres ne soient gâtées par la nielle dans le voyage qui les conduit à destination.

L'écorce détachée, lavée et séchée est mise en écheveaux et emballée pour être vendue au marché, où elle est achetée dans cet état par les commissionnaires, qui l'expédient en Angleterre. Elle n'est donc pas rouie, mais simplement lavée et désagrégée à la main.

Lorsque cette opération n'est pas faite tout de suite après la récolte, les tiges sont d'abord desséchées au soleil et emmagasinées pour attendre l'hiver. Alors on les met tremper dans de l'eau chaude afin de ramollir les écorces et pouvoir les détacher facilement. Elles sont mises ensuite à sécher; on les bat pour les assouplir, on les divise à la main ou en s'aidant de peignes grossiers.

Toutes ces opérations, plus ou moins délicates ou minutieuses, peuvent être remplacées en France par le simple teillage, avec des machines qu'on trouve partout et qui sont d'un emploi facile. Ce qu'il convient dans les campagnes et comme travail annexé à la culture de l'Ortie de la Chine, c'est d'opérer le détachement de l'écorce le plus tôt possible après la coupe des tiges; la laver et sécher ensuite; séparer l'écorce noirâtre au moyen de deux cylindres cannelés, semblables à ceux qu'on emploie pour le lin et le chanvre, et étant bien frappée et mise en bottes, l'envoyer au marché où à la manufacture qui l'aurait demandée. Par ces moyens, la préparation de la fibre de l'Ortie de la Chine, dans l'état brut, pour être blanchie complétement plus tard, devient extrêmement simple et à la portée de tous les cultivateurs.

A l'appui de notre opinion sur la possibilité et l'utilité de simplifier les procédés chinois, nous pouvons citer une idée exprimée dans la séance du 18 novembre 1859 de la Société impériale d'acclimatation, par le comité algérien, qui les trouvait trop minutieux et non admissibles en Europe. Cette simplification ne nuit en aucune manière à la qualité des produits obtenus, puisque dans la séance du 23 décembre 1859, M. Montigny complimentait M. Jacquemart pour la beauté de ceux qu'il avait obtenus, supérieurs à ceux de la Chine.

Si le procédé inventé par M. Caillard, et dont il parle dans une récente brochure, réunit les conditions de célérité, simplicité et économie qu'il lui assigne, on pourrait de suite renoncer à tous les moyens de désagrégation et même de blanchiment de la fibre brute, puisque l'auteur affirme qu'on obtient les deux résultats à la fois sans attaquer les fibres. Alors, le cultivateur se bornerait seulement à détacher les écorces, les faire sécher et les emballer, car dans les fabriques on ferait le reste; mais ce procédé n'étant pas encore rendu public, nous devions donner les autres moyens en usage.

J'ai dit que les feuilles sont employées en Chine comme engrais. Les nouveaux procédés industriels de l'Europe permettent d'en fabriquer un excellent papier, industrie qui demande aussi l'introduction de nouvelles matières premières.

Après la récolte, il ne faut pas oublier la plante qui reste sur le sol, à l'avenir de laquelle il faut également penser quand on va s'occuper de la première et de la seconde coupe des tiges. Pour cela, les livres chinois recommandent aussi de ne la faire que lorsque les petits rejetons qui sortent du pied de la racine ont environ 4 centimètres de hauteur, car alors, dès que les grandes tiges sont coupées, les rejetons poussent avec plus de vigueur et donnent bientôt une seconde récolte. Après qu'elle est faite, on couvre les souches avec de la terre et un peu de fumier, et l'on arrose, mais non pas en plein soleil.

Rendement absolu de l'Ortie de la Chine. — Qualités de la fibre, avantages de la culture en France.

Les difficultés que nous avons trouvées jusqu'ici, pour guider les cultivateurs français dans la nouvelle entreprise que nous leur recommandons, s'augmentent considérablement lorsque nous essayons de leur démontrer ses avantages pratiques.

Pour faire cela d'une manière exacte et précise, il aurait fallu que nous puissions examiner, analyser et bien comparer les résultats déjà obtenus en France de la culture de la nouvelle plante en échelle suffisante pour les apprécier.

Malheureusement, tous les essais dont nous avons connaissance ont été faits sur des plates-bandes, et les calculs basés sur leurs petites récoltes, ont toujours donné des résultats exagérés, malgré les réductions qu'ont bien voulu admettre les expérimentateurs. Un seul de ceux-ci semble, d'après ses annonces imprimées, avoir obtenu des récoltes suffisantes pour déduire des chiffres, du rendement moyen sous le climat de l'île de Jersey, et mieux dans les départements de la Manche et de la Dordogne. Ses chiffres ayant attiré notre attention, nous lui avons écrit pour obtenir des renseignements plus clairs et plus détaillés que ceux contenus dans sa petite brochure, imprimée à Jersey en 1867 (1), et dont nous allons faire mention ; mais notre démarche est restée sans succès.

D'après lui, un hectare donnerait en trois récoltes annuelles, 5,000 kilogrammes d'écorces sèches ou 2,666 kilogrammes de fibres désagrégées. Des essais faits par M. Houpiart-Dupré, à Marseille et près de Nîmes, dans le Gard, lui ont permis de calculer une production semblable par hectare, sur la base de 400,000 tiges du poids chacune de 100 grammes, soit 40,000 kilogr., réduites à 20,000 une fois sèches, dont moitié en feuilles et le tiers en écorce.

M. Audoynaud, professeur de physique au lycée de Nice, s'est livré aussi à ce genre de calcul approximatif, pour arriver au chiffre de 13,000 kilogrammes, poids

---

(1) L'auteur est M. Nicolle, cité dans divers écrits, qui ne donnent pas plus de lumière. Il paraît que des plantations ont été faites par lui, dans la colonie Sainte-Foie, dans la Dordogne. Les résultats qu'il donne ressemblent assez à quelques-uns que nous recevons de la Louisiane, où l'Ortie de la Chine commence à être cultivée. On évalue de 450 à 600 kilogrammes le produit de chaque coupe par acre, et comme on obtient trois coupes par année, la récolte serait de 3375 à 4500 kilogrammes par hectare, ou de 3000 kilogrammes en moyenne.

déduit de deux coupes de tiges, ou 600 kilogrammes de filasse par hectare, qu'il estime à une valeur commerciale de 1,200 francs. En déduisant 100 francs pour le prix du transport à Paris des 13,000 kilogrammes de matière brute, 300 francs de frais de culture, calculés d'une manière exagérée à l'instar de ceux que demande le blé, et en outre 300 francs de dépense pour la désagrégation, dépense énormément exagérée aussi, puisqu'elle peu se réduire à un centime et demi par kilogramme, il resterait encore un bénéfice *minimum* net de 500 francs par hectare au cultivateur (1).

Malheureusement, tous les calculs que nous pourrions présenter ici sont de la même nature ; c'est-à-dire insuffisants pour servir de base à une spéculation sérieuse. A défaut de plus exacts, nous aurons recours à des raisonnements fondés sur un autre genre de données, qui possèdent la précision désirable. Ils nous sont fournis par la nature même de la plante, les conditions qu'exige sa culture, la richesse de sa végétation et la quantité de ses récoltes.

En effet, tous ceux qui ont étudié la végétation de l'Ortie de la Chine en France, à partir d'André Thouin, qui l'observa déjà en 1815, sont d'accord pour affirmer qu'elle ne demande que des terrains de médiocre qualité à condition qu'ils soient favorisés par l'humidité et une température élevée. C'est ainsi que M. Nicolle a pu obtenir de belles récoltes presque sur les dunes sablonneuses du département de la Manche.

M. Pépin, qui a écrit en 1844, en recommandant la

---

(1) Ces renseignements sont empruntés au Bulletin de 1868, de la Société centrale d'Agriculture de Nice et des Alpes-Maritimes.

culture en grand de l'Ortie de la Chine, affirma qu'elle végétait sur des terres médiocres, souvent sans culture assidue, et ajouta qu'elle finirait même, au bout de quelques années, par les améliorer et les rendre propres à d'autres cultures. Voilà donc un premier avantage sur le chanvre et le lin qui, outre la richesse du sol qu'ils demandent, l'appauvrissent excessivement.

Ces deux plantes textiles sont annuelles, tandis que les diverses variétés d'Ortie de la Chine, qu'on peut cultiver dans le midi de la France, sont vivaces et d'une force de végétation telle qu'elle dispense des soins de culture qu'exigent les autres. Ajoutons à cela la masse des produits que les secondes fournissent par le nombre et la longueur de leurs tiges, et la circonstance des récoltes doubles et triples qui s'y accroissent dans la même proportion, et l'on trouvera autant de causes certaine et permanentes d'une supériorité incontestable, quant à la quantité des produits respectifs.

M. Caillard, avec deux tiges de 1 mètre 50 prises au Muséum de Paris, obtint 5 grammes de filasse. Un mètre carré de terrain peut en contenir quatre pieds, espacés à 50 centimètres, mais comme ils produisent énormément de tiges, surtout dès la seconde année, on ne doit calculer que deux pieds par mètre carré, qu'à raison de 20 tiges par pied, au moins, dans deux coupes annuelles fourniraient 400 grammes de filasse. D'expériences plus récentes, M. Caillard a obtenu 33 grammes de beaux filaments, de *dix tiges* de la variété *U. utilis*, qui estp référable à la *nivea*.

Cette supériorité devient encore plus notable lorsqu'on compare les soins que demandent la récolte et les premières préparations des plantes textiles européennes et leurs similaires asiatiques. En effet, par la qualité pré-

cieuse que celles-ci possèdent, de permettre le détachement de leurs écorces, desquelles seulement le cultivateur
doit s'occuper, tandis que le chanvre et le lin exigent
un rouissage préalable, long et malsain par les procédés
anciens, embarrassant et risqueux par les moyens chi-
miques, les premières pourront entrer facilement dans
l'industrie rurale européenne.

Enfin, outre la qualité inférieure du sol avec laquelle
l'Ortie de la Chine se contente, le petit nombre de soins
qu'elle exige, la masse énorme des récoltes qu'elle donne,
la facilité de les opérer ainsi que la première préparation des écorces, et la nature soyeuse et tenace de leurs
fibres, lui donnent sur les qualités de celles des autres
végétaux textiles, une supériorité non moins incontestable.

En effet, les fibres blanchies et peignées de l'Ortie de
la Chine, sont non-seulement par leur beauté apparente,
mais ainsi par ses qualités réelles, très-supérieures à
celles du coton, du chanvre et du lin. Par leur longueur, leur blancheur, leur brillant nacré, leur finesse
et leur résistance, elles sont seulement comparables à la
soie. C'est à cause de cette force inhérente à leurs fibres,
et à leur qualité, non moins précieuse d'être incorrupti-
bles dans l'eau, que les peuples orientaux les ont pré-
férées, depuis un temps immémorial, pour fabriquer
toute espèce de cordages, et les lignes et filets pour la
pêche. Restait à l'industrie européenne à constater plus
tard, dans les mêmes fibres, la facilité à acquérir toutes
les couleurs fines et de se prêter à tous les mélanges
avec le coton, la laine et la soie, formant des étoffes où
la résistance se trouve unie à la beauté.

M. Decaisne, dans son intéressant mémoire de 1845,
rapporte les expériences faites par une commission

hollandaise, sur le rendement de la plante et la résistance des fibres : 500 grammes de filasse avaient donné 2,300 mètres de fil ténu, et la même quantité procura une corde de 3,000 mètres. Le fil surpassait en résistance et en tenacité le meilleur chanvre de l'Europe, il l'égalait étant mouillé, et sa force de tension dépassait 50 p. 100 celle du meilleur lin, quoique le fil employé fût trop tordu. Plus tard, Forbes-Royle, dans son travail sur les plantes textiles de l'Inde, insistait sur la double qualité de finesse et de résistence que présentaient cès fibres (1).

Enfin, nous avons parlé déjà d'une troisième application des fibres de l'Ortie de la Chine, à tous les articles de la passementerie, qui vient d'être faite ,avec un plein succès, dans les derniers mois de l'année précédente, par M. F.-F.-B. Childers, à Nice. Ces produits ont justement attiré l'attention de cinq sociétés savantes de Paris, auxquelles ils ont été présentés (2). L'actif fabricant est obligé de demander au marché anglais la matière première provenant de la Chine et du Japon, et dont l'inégal et incertain approvisionnement n'est pas encourageant pour une manufacture nouvelle qui en dépend.

C'est pour cela que l'introduction de la culture en grand en devient nécessaire, et que réciproquement la fabri-

---

(1) Des expériences comparatives exactes sont encore à faire, avec l'appareil inventé par M. Alcan ; mais elles exigent plus de temps que celui dont nous pouvons disposer maintenant.

(2) La Société impériale d'acclimatation, celle d'encouragement pour l'industrie, l'Impériale et centrale d'agriculture, l'Académie des sciences de l'Institut, et l'Académie nationale, agricole, industrielle et commerciale.

que de Nice offre déjà une chance de succès à ladite culture, dont les produits seront immédiatement placés chez elle.

Nous avons présenté les résultats déjà obtenus dans diverses localités de la France et dans l'Algérie, et ces résultats autorisent aujourd'hui, encore plus qu'en 1864 et 1865, à recommander avec M. Dalloz (1), aux agriculteurs français, la culture en grand de l'Ortie de la Chine, pour cesser d'être tributaires à ce pays et à d'autres de l'Orient, d'une matière textile facile à obtenir ici. L'état actuel des choses ne peut être que provisoire, et les circonstances que nous allons rapporter rendent impossible sa continuation, à moins de laisser éteindre en France tout espoir d'avenir à la nouvelle industrie.

Les essais faits jusqu'à ce jour permettent d'espérer qu'avec les perfectionnements déjà connus pour le blanchiment des fibres de l'Ortie de la Chine, la matière désagregée pourra être vendue au prix de 1 franc le kilogramme, au plus (2), donnant des benéfices raisonnables; tandis que dans le marché de Liverpool, les prix ont été toujours supérieurs à 1 franc 25 centimes, et qu'aujourd'hui il est impossible de faire arriver la matière première à ces conditions acceptables.

C'est à cause de cela qu'à l'heure qu'il est, pas un kilogramme d'*Ortie de la Chine* brut, ou *China grass*, comme

---

(1) Série d'articles très-intéressants sur l'Ortie de la Chine, imprimés dans le *Moniteur officiel.*

(2) Le procédé de M. Caillard, par exemple, permet de désagréger et de blanchir à un prix très-minime, la matière première. D'autres procédés de blanchiment sont aujourd'hui aussi très-simplifiés.

l'appellent les Anglais, ne se trouve dans leurs marchés, ce qui a forcé les manufacturiers à suspendre leurs travaux. Cela provient de ce que, dans ces moments en Chine, le picul de fibre nommée verte est payé 2 tals, et celui d'une préparation meilleur, qu'on appelle blanche, se vend à 13 tals le picul. En réduisant ces chiffres aux usuels en France, ces prix répondent à 1,053 francs la tonne de la première, et 1,521 francs la tonne de la seconde. Il faut ajouter les frets qui deviennent plus forts, parce que les Chinois ne savent pas bien presser les balles de fibres. Tout cela fait donc monter la valeur de la matière première exotique, à un prix exorbitant.

A l'impossibilité future de l'acquérir, on peut ajouter l'insuffisance de la production actuelle du chanvre et lin en France, pour satisfaire ses besoins manufacturiers. L'importation totale de ces deux matières en divers états, et d'autres substances filamenteuses, en 1867, a été, d'après le tableaux des douanes, de plus de 52 millions de kilogrammes évalués en 84 millions et demi de francs, desquelles sommes il n'y a à déduire que 16 millions de kilogrammes exportés, par valeur d'un peu plus de 17 millions de francs.

Si l'on veut connaître la cause de ce besoin manufacturier de matières qui se produisent, néanmoins, assez bien en France, on peut la trouver dans leurs chétifs rendements qui ne remunèrent pas assez les cultivateurs de leurs soins assidus, dans les inconvénients inhérents au rouissage et dans le dépérissement progressif de leur sol. En effet, d'après la dernière enquête agricole, la moyenne du rendement par hectare des années 1856 et 1862, ne dépassa point 598 kilogrammes pour le petit chanvre et 570 kilogrammes pour le lin. Il est donc évident que ces produits vendus aux prix courants que l'industrie peut leur assigner, ne sont pas très-encourageants pour le cultivateur.

Nous pourrions nous étendre indéfiniment sur les avantages et l'opportunité de la culture de l'Ortie de la Chine en France, en Algérie et en Corse, afin de créer et d'alimenter cent nouvelles branches d'industrie qui la demandent : mais nous croyons en avoir dit assez pour le but que nous nous sommes proposé dans cette rapide notice.

TABLE DES MATIÈRES.

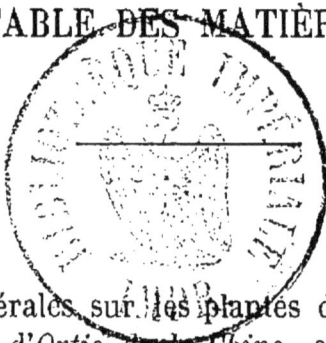

Évreux. A. HÉRISSEY, imp. — 170.

LIBRAIRIE CENTRALE D'AGRICULTURE ET DE JARDINAGE

Rue des Écoles, 62, près le Musée de Cluny, à Paris

— Auguste GOIN, Éditeur —

CONSEILS SUR LE CHOIX, LA CULTURE ET LA TAILLE

DES

ARBRES FRUITIERS

POUVANT CONVENIR AUX HABITANTS DES DÉPARTEMENTS

DU NORD, DE L'EST, DU NORD-OUEST ET DU CENTRE

DE LA FRANCE

PAR LE COMTE LÉONCE DE LAMBERTYE [1]

1 vol. in-18 orné de 33 fig. — Prix franco : 1 fr.

TABLE DES MATIÈRES

[1] Ouvrages du même auteur :

Ces deux ouvrages, avec les *Conseils sur les arbres fruitiers*, forment un **Cours de jardinage** à l'usage des habitants de la campagne, que l'on peut recevoir *franco* en échange d'un *mandat-poste* de 1 fr. 90 c.

NOTA.— Le Catalogue complet de la Librairie est envoyé *franco* sur demande *affranchie*.

TROISIÈME PARTIE.

TRAVAUX MENSUELS DU JARDIN FRUITIER. — CULTURE
DU FRAISIER. — MATURITÉ DES FRUITS.

Paris. — Typ. BOURDIER, CAPIOMONT fils et Cie, rue des Poitevins, 6.

LIBRAIRIE CENTRALE D'AGRICULTURE ET DE JARDINAGE

Rue des Écoles, 62, près le Musée de Cluny, à Paris.

— Auguste GOIN, Éditeur —

24 NUMÉROS PAR AN POUR 6 FRANCS

L'AGRICULTEUR PRATICIEN

REVUE D'AGRICULTURE ET D'ÉCONOMIE RURALE

Culture des terres et des forêts
Assainissement et drainage — Irrigations — Engrais et Amendements
Économie du bétail et médecine vétérinaire
Machinerie agricole et bâtiments ruraux — Économie rurale
et législation.

Toute publication périodique, quelle que soit sa nature et à quelque objet qu'elle puisse avoir rapport, doit nécessairement répondre à un besoin, être une chose utile et même indispensable, sous peine de mourir en naissant ou d'être forcée de s'arrêter après les premiers pas.

Le succès obtenu par l'**Agriculteur praticien,** dès sa première année, a démontré suffisamment qu'il remplit les conditions énoncées ci-dessus.

Sans rappeler ici les paroles des hommes illustres qui ont honoré notre agriculture, nous dirons que, au milieu des publications de toute espèce destinées aux agriculteurs, il manquait une feuille, un journal ou une *revue* fait pour l'homme des champs, pour le cultivateur, le laboureur, le fermier.

C'est cette lacune que la LIBRAIRIE CENTRALE D'AGRICULTURE ET DE JARDINAGE a entrepris de combler par la publication de l'**Agriculteur praticien.**

Fidèle à son programme et justifiant son titre, cette *Revue agricole* ne s'occupe que de choses pratiques, démontrées et présentant une utilité incontestable ; les discussions sans but et sans portée sont sévèrement bannies de ses pages.

L'**Agriculteur praticien** paraît deux fois par mois. — Les abonnements datent du 1ᵉʳ janvier de chaque année.

PRIX DE L'ABONNEMENT POUR L'ANNÉE :

Paris, les départements et l'Algérie	6 fr. »	Belgique et Italie	7 fr. »
Portugal et Suisse	6 50	Espagne	7 50
		Russie et colonies	7 75

Prix des années publiées :

I**re** série. — Octobre 1853 à fin septembre 1859, 6 volumes ornés de nombreuses figures dans le texte (*franco*)........................ 30 fr.

2**e** série. — Octobre 1859 à fin décembre 1865, 6 volumes ornés de nombreuses figures dans le texte (*franco*)...................... 30 fr.

3**e** série. — Années 1866 à 1868 (*franco*)........................ 15 fr.

Chaque volume pris séparément (*franco*)...................... 6 fr.

Mode d'abonnement : — Envoyer *franco* un *mandat-poste* au nom de M. GOIN, éditeur, rue des Écoles, 62.

BIBLIOTHÈQUE DE L'AGRICULTEUR PRATICIEN

Encouragée par S. Exc. le Ministre de l'Agriculture.

NOTA. — Tous les ouvrages faisant l'objet de ce prospectus sont expédiés *franco*, au prix marqués, sur demande affranchie. — Joindre à la demande un mandat-poste au nom de M. GOIN, éditeur. — Le Catalogue complet de la Librairie est envoyé *franco* sur demande *affranchie*. — Je me charge de fournir tous les ouvrages anciens et modernes sur l'AGRICULTURE et le JARDINAGE, le DROIT, la MÉDECINE, la LITTÉRATURE et les SCIENCES DIVERSES.

Abeilles (*Culture des*), par l'abbé FLOQUET. 1 vol. in-18. 1 fr.

Abeilles. Leur éducation, par A. ESPANET. In-18. 40 c.

Abeilles. — Le Guide du propriétaire d'abeilles, par l'abbé COLLIN. 3e édit. 1 vol. in-18, et 2 planches. 2 50

Agriculture. Quelques observations pratiques, par BODIN. In-18. 15 c.

Agriculture élémentaire, théorique et pratique, à l'usage des écoles primaires, par A. LAGRUE. 6e édit. 1 vol. in-18, fig., cart. 1 30

Agronomie. — Études théoriques et pratiques d'agronomie et de physiologie végétale, par Isidore PIERRE, doyen de la faculté des sciences de Caen. 4 vol. in-18.

I**er** volume : **Sol — Engrais — Amendements.** 3 50

II**e** volume : **Plantes fourragères, Graines et produits dérivés.** 3 50

Les volumes 3 et 4 sont sous presse.

Approuvé par la Commission des Bibliothèques scolaires.

Almanach de l'Agriculteur praticien pour 1869. 13e année. 1 vol. in-18 avec de nombreuses figures. 50 c.

Les années 1857 à 1868, chaque. 50 c.

Analyse chimique appliquée à l'agriculture (*Notions élémentaires d'*), par Isidore PIERRE. 1 vol. in-18, avec fig. 2 50

Approuvé par la Commission des Bibliothèques scolaires.

Animaux domestiques, reproduction, amélioration et élevage, par DE WECKERLIN. 1 vol. in-18. 2 fr.

Apiculture productive et pratique, selon la méthode de M. Amédée MAUGET, par Adolphe DE BOUCLON. 1 vol. in-18. 3 50

Basse-Cour. — Poules, Oies, Canards, Pintades, Dindons, Pigeons, par le baron PEERS. 2e édit. 1 vol. in-18, et planches. 1 75

Basse-Cour et Lapin. Traité complet de l'élève et de l'engraissement des animaux de basse-cour et du lapin, par YSABEAU. 1 vol. in-18. 75 c.

Bétail (*De l'alimentation du*) aux points de vue de la production, du travail, de la viande, de la graisse, de la laine, du lait et des engrais, par Isidore PIERRE. 3e édit. 1 vol. in-18. 2 50

Bêtes ovines (*Des*) **et des Chèvres,** par YSABEAU. 1 vol. in-18, fig. 75 c.

Chaux, Marne et Calcaires coquilliers. Leur emploi pour l'amendement du sol, par Isidore PIERRE. 2e édit. In-18. 50 c.

Cheval. — Principes sommaires de l'élevage du cheval, dédiés aux élèves adultes des Écoles rurales ; jeunes cultivateurs ; enseignement professionnel, par le commandant BASSERIE. 1 vol. in-18. 1 fr.

Chevaux. — Conseils aux éleveurs, par Ch. DU HAYS. 1 vol. in-18 avec figures. 3 50

Cultivateur anglais (*Le*), Théorie et pratique de l'agriculture, par MURPHY, trad. de l'angl. sur la 5e édit. par SANREY. 1 vol. in-18, fig. 1 50
Approuvé par la Commission des Bibliothèques scolaires.

Dindons et Pintades, par MARIOT-DIDIEUX. 1 vol. in-18. 75 c.

Drainage. L'art de tracer et d'établir les drains, par GRANDVOINNET. 1 vol. in-18, avec 160 figures. 3 fr.

Drainage. Résumé d'un cours pour les cultivateurs, par HERNOUX, ingénieur. In-18, fig. 1 fr.

Drainage. —Traité de drainage, ou assainissement des terrains humides, par J. LECLERC. 3e édit. 1 vol. in-18, orné de 130 fig. 3 50

Engrais de mer : *Tangues, Merl, Goëmons, Débris divers de poissons, Guanos*, etc. — Études sur ces engrais, par Isidore PIERRE. 2e édit. 1 vol. in-18. 2 50
Approuvé par la Commission des Bibliothèques scolaires.

Engrais en général (*Des*), suivi de la manière de traiter les matières fécales, par GREFF. 2e édit. in-18, fig. 50 c.

Fourrages. — Recherches sur la valeur nutritive des fourrages, par Isidore PIERRE, 3e édit. 1 vol. in-18. 2 50
Approuvé par la Commission des Bibliothèques scolaires.

Fumier. — Plâtrage et sulfatage du fumier et désinfection des vidanges, par Isidore PIERRE. 3e édition. In-18. 50 c.
Approuvé par la Commission des Bibliothèques scolaires.

Guano du Pérou. Composition, falsification, emploi et effets. In-18. 30 c.

Instruments aratoires (*Des*) **et des travaux des champs,** par YSABEAU. 1 vol. in-18, fig. 75 c.

Irrigation (*Manuel d'*), par DEBY. 1 vol. in-18, avec 100 fig. 1 50

Irrigations (*Petit Traité des*), par James DONALD, traduit par A. DE FRARIÈRE. In-18, avec fig. 50 c.

Lapin domestique (*Traité pratique de l'éducation du*), par Alexis ESPANET. 4e édit. 1 vol. in-18, avec figures. 1 fr.

Maïs (*Alcoolisation des tiges du*) et du **Sorgho sucré**, ALCOOL; CIDRE; BIÈRE; VINS ARTIFICIELS, par DURET. In-18. 75 c.

Matières fertilisantes. — Guide pratique du cultivateur pour le choix, l'achat et l'emploi des matières fertilisantes. Origine, composition, valeur, effets, durée, modes d'emploi, prix, garanties, recours en cas de fraude, etc., par A. DUDOUY. 1 vol. in-18, avec fig. 2 50
    Approuvé par la Commission des Bibliothèques scolaires.

Médecine vétérinaire. — Manuel de médecine vétérinaire, par VERHEYEN, DUFAYS et HUSSON. 1 vol. in-18. 2 50

Pigeons (*De l'éducation des*), **Oiseaux** de luxe, de volière et de cage, par A. ESPANET. 2e édit. 1 vol. in-18, avec figures. 1 fr.

Plantes fourragères (*Traité pratique de la culture des*), par DE THIER, 2e édit. revue et augmentée par A. LEROY. 1 vol. in-18. 1 fr.
    Approuvé par la Commission des Bibliothèques scolaires.

Porcs (*Du traitement des*) aux différentes époques de l'année. Extrait des meilleurs ouvrages anglais, par J. A. G. In-18, avec 32 fig. 1 25

Porcheries (*De l'établissement des*), dispositions diverses, construction, par J. GRANDVOINNET. 1 vol. in-18, orné de 95 figures. 2 50

Poules (*De l'éducation des*). **Dindes**, **Oies** et **Canards**, par Alexis ESPANET. 2e édit. 1 vol. in-18, avec figures. 1 fr.

Prairies. — Culture, formation, entretien, amélioration, renouvellement, etc., par P. DE MOOR. 1 vol. in-18, orné de 67 figures. 1 25

Profits (*Les*) **en agriculture**, par Pierre MÉHEUST. 1 vol. in-18. 1 50

Récoltes dérobées (*Des*), comme fourrages et engrais verts, et culture de la *Moutarde blanche*, trad. de l'angl. par J. A. G. In-18, fig. 75 c.

Sang de rate des animaux d'espèces ovine et bovine, par Isidore PIERRE. In-18. 1 fr.
    Couronné par la Société protectrice des animaux.

Semailles en ligne (*Des*) **et des semoirs mécaniques**, par F. GEORGES. In-18. (Extrait de l'*Agriculteur praticien*.) 50 c.

Sorgho à sucre (*Guide du distillateur du*), par BOURDAIS. In-18. 1 fr.

Stabulation (*De la*) **de l'espèce bovine**, par le baron PEERS. In-18. 1 25

Topinambour. — Culture, alcoolisation et panification de ce tubercule, par DELBETZ. 1 vol. in-18. 1 25
    Approuvé par la Commission des Bibliothèques scolaires.

Végétaux (*De la nutrition des*) considérée dans ses rapports avec les assolements, par le baron DE BABO. 1 vol. in-18. 1 fr.

Vers à soie (*Guide de l'éleveur de*), par MM. GUÉRIN MÉNEVILLE et Eugène ROBERT. 1 vol. in-18, avec figures. 75 c.

Vigne (*Nouvelle Culture de la*) en plein champ, sans échalas ni attaches, par TROUILLET. 4e édit. 1 vol. in-18, avec 15 gravures. 2 50

Vigne (*Régénération de la*) par une nouvelle plantation, par E. TROUILLET. 2e édition. In-18. 75 c.

Vinification. — Traité pratique, par E. RAY. 2e édit. In-18. 1 25

Visite à un véritable agriculteur praticien, par DURAND-SAYOYAT, propriétaire-cultivateur. 1 vol. in-18. 1 25

Paris. — Imprimerie P. BOURDIER, CAPIOMONT fils et Cie, rue des Poitevins, 6.

BIBLIOTHÈQUE DE L'AGRICULTEUR PRATICIEN (1)
Encouragée par S. Exc. le Ministre de l'Agriculture

(1) *L'Agriculteur praticien*, revue de l'Agriculture française et étrangère : 24 numéros par an, avec figures dans le texte. — Prix : 6 fr. — Les abonnements datent du 1er janvier de chaque année.

www.ingramcontent.com/pod-product-compliance
Lightning Source LLC
Chambersburg PA
CBHW071257200326
41521CB00009B/1803

CLINIQUE

D'ACCOUCHEMENS.

CLINIQUE D'ACCOUCHEMENS

RECUEILLIE

A L'HOSPICE DE LA MATERNITÉ

DE MARSEILLE,

(SERVICE DE M. VILLENEUVE.)

PAR M. EUGÈNE FABRE,
Chef de Clinique à la Maternité, Médecin, etc.

PRIX : I FRANC.

PARIS,
Chez les principaux
Libraires.

MARSEILLE,
Jean Mossy, rue Canebière.
A l'Imprimerie, rue Grignan.

1840.

Le titre que je donne à ces lignes m'oblige
à dire un mot au lecteur. Il a pu lui donner
une fausse idée de mon ouvrage : c'est
moins un compte-rendu que je fais qu'un
résumé historique des accouchemens qui se
sont faits dans le courant de cette année,
des phénomènes qui se sont présentés et des
réflexions qui m'ont été suggérées et par
ces accouchemens, et par ces phénomènes,
et par les obstacles que j'ai été obligé de
surmonter pour examiner tous ces faits.

Ces pages, trop peu nombreuses, trop
peu intéressantes peut-être, ne sont que les
premières pages d'une œuvre plus grande,

qui est la pensée de ma jeunesse et qui
serait celle de mon âge mûr si j'avais la
faculté nécessaire pour la réaliser. Nous
sentons tous par instinct, comme par rai-
sonnement, que le temps des théories est
passé. La théorie est l'enfance de la science,
alors qu'il y a encore confusion entre les
hypothèses et la vérité ; alors, aussi, le
médecin, pour naître et pour grandir, a
besoin de la tutelle de ses prédécesseurs ; il
attache naturellement son intérêt et sa reconnaissance à ces puissantes intelligences
qui, après avoir long-temps refléchi et
veillé, lui font part de leurs rêves, bien
souvent véritables.

Mais aujourd'hui, les individualités agissent avec toute leur vérité dans l'observation clinique ; c'est là qu'on va les chercher.
Les phénomènes qui se passent sont si variés ; les maladies des femmes en couche se
présentent de tant de manières et demandent une sagacité si scrupuleuse à l'obser-
vateur, que vraiment, pour parvenir à trouver la source de tant de maux, il faut
arriver au pied du lit du malade, l'imagina-

tion vierge de tout système et de tout pré-
jugé. D'ailleurs, l'œil humain s'est élargi
par l'effet d'une instruction plus grande,
par l'influence des institutions qui appellent
le concours d'un plus grand nombre ou de
tous à l'œuvre sociale, par les grands maî-
tres, qui nous ont transmis dans leurs
œuvres une partie de leur expérience, nous
laissant pourtant entrevoir que l'œuvre de
perfectionnement pour cette science comme
pour toutes les autres est une œuvre collec-
tive et éternelle. Le médecin ne s'intéresse
plus tant à un système; il le prend pour
ce qu'il est : des moyens ou des obstacles
dans l'œuvre commune; l'intérêt de l'humanité s'attache à l'humanité elle-même, et
l'observation clinique devient la seule vérité.

Pénétré de bonne heure de cette transformation scientifique, voulant écrire, cependant, sur quelque chose qui ne fût pas trop
au-dessus de mes connaissances et qui pût
jeter les bases d'un grand ouvrage, j'ai
cherché quel était le sujet le plus convenable
à ma position et à mon avenir, qui me
permît d'être à la fois local et universel,

d'être immense et d'être un ; ce sujet, c'est le phénomène de la naissance.

Ce plan si vaste, et dont je ne pourrai peut-être tracer qu'une page, j'ai dû le prendre quand je l'avais sous les yeux. C'est ce que j'ai tenté. Si jamais je l'achève, ou si, du moins, je puis en ébaucher assez pour qu'on puisse le voir dans sa variété et son unité, on jugera s'il y avait un germe d'avenir et de vie dans cette pensée, et d'autres hommes, plus puissants et plus instruits, viendront et la féconderont après moi.

L'ouvrage est immense, j'en ai exécuté la première partie, ordinairement la plus sèche et la plus aride, avec tout le soin qu'il m'a été possible d'y mettre. Les distractions de ma pensée, d'autres études, des obstacles imprévus et répétés m'ont souvent interrompu et m'interrompront sans doute encore. Pourtant j'ai persisté et je persiste toujours, car l'œuvre que j'entreprends ne peut pas demeurer dans l'oubli, elle recèle en son sein trop de germes vitaux. J'aurais certainement à me plaindre de l'opposition constante que j'ai rencontrée

chez des êtres qui auraient dû demeurer
complètement étrangers à des choses qu'ils
ignorent entièrement ; mais l'œuvre que
j'entreprends n'est pas une œuvre de critique , c'est une œuvre de science. Et lorsque des êtres incompétens en cette matière
viendront, par taquinerie , contrarier mes
observations et mes études , je ne leur ré-
pondrai que par le silence du mépris , et je
trouverai toujours des personnes assez bonnes pour observer pour moi et me donner
le résultat de leurs observations.

Pour donner une légère idée de la mes-
quine contrariété de certaines gens et de la
manière dont se fait aujourd'hui la charité ,
j'ai cru devoir mettre en note certains faits
relatifs à une sœur, à un abbé , et même à
une administration. Mais qu'on ne croie pas
pour cela que je veuille déverser le blâme
sur ces personnes , sur l'administration
surtout ; elle se trouve composée d'hommes
respectables en tous points , hommes d'hon-
neur et de probité , qui n'auront pas remar-
qué que leur indulgence pour un membre
d'un corps qui devrait être infaillible , pou-

vait leur faire commettre bien des injustices.
Je ne blâme pas non plus le corps religieux
en signalant la sœur S..,. C....., Oh! bien
certainement que si madame la supérieure
avait eu connaissance de l'importance et de
l'autorité que prenait cette sœur, elle ne
l'eût pas laissée plus long-temps à cette
place ; et je ne doute pas un instant qu'une
réprimande sévère n'eût été la récompense
de tous les faux rapports, de tous les men-
songes, de tous les tripotages dont elle n'a
cessé un instant d'être l'agent principal. En
blâmant l'abbé R..., je me plais à rendre
justice au zèle et à la charité dont M.
Feraud n'a cessé de faire preuve ; d'ailleurs,
ce que j'ai dit sur le premier, se trouve
confirmé par la justice qu'en a faite une
autorité supérieure, en mettant hors de
l'établissement un homme qui ne semait que
des paroles de désolation et de mort, là où
l'on ne devrait entendre que des paroles de
paix et de consolation.

Que le lecteur ne croie pas voir ici une
accusation contre les lois et les institutions
de l'ordre religieux qui gouverne les hos-

pices de notre ville, depuis qu'ils sont fondés, et qui a su gagner la confiance de toutes les administrations. Je ne ferai jamais entendre la moindre parole qui pût donner à comprendre que l'esprit des sœurs hospitalières ne marche plus selon les lois de la charité et de l'humanité, car s'il y a quelque mal dans cette société, il y a infiniment plus de bien. C'est le sort de l'humanité que ce mélange de bien et de mal se trouve dans les actions et les motifs des particuliers, mais il ne doit point exister dans les lois d'un corps religieux qui rapporte tout à Dieu ; les plus saintes lois n'empêchent pas toujours le mal, et si la législation était elle-même vicieuse, les passions qu'elle favorise n'auraient plus de frein. L'orgueil, l'esprit d'indépendance, l'ambition, sont des fléaux dans l'ordre religieux bien plus redoutables que la volupté et la mollesse ; leurs ravages sont plus étendus et plus nuisibles à la tranquillité publique. Ces ressorts dangereux sont mis en usage par quelques membres de cette société, afin d'arriver plus efficacement au pouvoir despotique. Le fanatisme fait aisément alliance avec l'ambition, qu'il confond avec le zèle ; la bonne foi diminue insensiblement, l'ambition augmente et l'orgueil est plus criminel. La religieuse qui se retrancherait dans l'austère discipline de sa règle, ne faisant aucun pas au-delà, serait un être inutile à la société ; celle qui voudrait diriger tout par elle-même, dominer partout, se corromprait dans les vices de l'esprit et deviendrait formidable si on ne se hâtait de la réprimer. La première tomberait dans la mollesse et la léthargie ; la seconde dans une convulsion d'intrigues et de projets ambitieux. C'est ce qui est arrivé à la Maternité ; la seconde a triomphé ; et j'ai été obligé, malgré mon titre de chef de clinique, d'avoir recours à la complaisance de personnes spécialement attachées à la Maternité et indépendantes des Sœurs, qui ne m'ont pas refusé leurs secours.

Quant à l'administration, si l'on a quelque chose à lui reprocher, c'est sa trop grande crédulité et sa trop grande vertu. Elle a été trop crédule en ce qu'elle a ajouté une foi aveugle aux rapports qui lui ont

été faits par le corps religieux [1] contre la
science et contre l'humanité ; elle a été trop
vertueuse en ce qu'elle a craint de commettre une faute contre la décence en ad-
mettant des jeunes gens dans un établissement de femmes. Ces deux excès l'ont fait
tomber dans un excès de négligence ; car
nous avons attendu pendant une année
entière, une délibération qui permît aux
étudians de faire des accouchemens en présence du maître. Peut-être que l'intérêt du
pauvre a occupé tous les instans de MM.
les administrateurs ; mais la science est
aussi bien pauvre parmi nous, et il serait
temps que l'on s'occupât d'elle ; si ce n'est
par amour, que ce soit du moins par pitié.

Mais assez sur ce point, il me sera bien
assez pénible d'en parler lorsque les faits
crieront d'eux-mêmes, sans que je vienne
par avance signaler des choses que j'aurais
voulu pouvoir ensevelir dans un profond
oubli, mais la science et l'humanité m'ont

[1] Je dis le corps religieux parce qu'il n'est pas a présu-
mer que la sœur S. C. ait, à elle seule, assez d'influence
sur l'administration pour lui faire faire tout ce qu'elle veut.

fait un devoir d'en parler; et je n'en parlerai jamais ni trop tôt ni trop au long.

Quoi qu'il en soit, je saisis ici l'occasion de remercier publiquement M. Villeneuve, notre professeur, de ses bontés pour moi et de l'instruction qu'il n'a cessé de me donner tant qu'il a été en son pouvoir de le faire; Mme Maquère, maîtresse sage-femme, de la complaisance qu'elle a mise à me donner tous les renseignements dont j'avais besoin; et spécialement Mlles Brunet, Livon, Scanura, Audibert, Panisse, Morlan et Jaumart, de la part qu'elles ont bien voulu me faire dans tous leurs travaux; pour ces demoiselles comme pour M. Villeneuve et Mme Maquère, ma reconnaissance ne se démentira pas un seul instant.

Si le public médical accueille mon opuscule avec intérêt et bienveillance, j'en publierai d'autres successivement. S'il le laisse tomber et mourir, je n'en continuerai pas moins à travailler en silence à cette œuvre, mais je n'en produirai plus rien.

AVANT-PROPOS [1]

Le mot accouchement ou parturition exprime les divers actes par lesquels l'enfant et ses dépendances sont expulsés de la matrice. L'ensemble de ces actes est appelé travail de l'accouchement et constitue une

[1] Je ne prétends pas donner comme miennes les idées émises dans le courant de cet opuscule : le plus grand nombre des observations et des réflexions sont prises dans les divers ouvrages qui ont traité des accouchemens, ou dans les leçons qui nous ont été faites par M. notre professeur. Je n'ai fait qu'écrire ce que je voyais ou ce que j'entendais; ce sont plutôt des notes ajoutées les unes aux autres qu'un ouvrage suivi; mais un compte-rendu ne peut pas être autre chose sans cesser d'être compte-rendu.

des plus importantes fonctions de l'orga-
nisme [1].

L'accouchement se faisant entre le septième et le neuvième mois, prend le nom
d'accouchement prématuré ; s'il s'accomplit
plutôt, on l'appelle avortement.

Il y a deux sortes d'accouchemens : l'accouchement normal et l'accouchement
anormal.

L'accouchement normal est celui qui
s'accomplit spontanément et par les seules
forces de la nature ; l'accouchement anormal ou artificiel est celui qui nécessite l'in-
tervention de l'art. Les accouchemens
anormaux étant de véritables exceptions à
la règle des accouchemens naturels, nous
aurons peu à nous en occuper.

Le travail de l'accouchement peut se
diviser en quatre périodes bien distinctes,
savoir :

1.° *Période de préparation.* — Mouches [2]

[1] Dictionnaire des dictionnaires de médecine français
et étrangers. (Fabre.)

[2] Douleurs légères, peu durables et rares, qui se font
sentir tout-à-fait au début du travail.

— abaissement du globe utérin — bour-
soufflement de la vulve — écoulement albumineux du vagin. — Le col n'a encore
éprouvé aucun changement notable.

2° *Période de dilatation.* — Raideur
globulaire du ventre à chaque accès —
écoulement sanguinolent par la vulve —
formation de la poche amniotique — effa-
cement du col. — Cette période commence
avec la dilatation du col et finit avec la
rupture de la poche des eaux.

3° *Période de l'expulsion fœtale.* — Douleurs aigües, fortes, durables et rapprochées
— ténesme anal — spasme furieux universel
du système musculaire, provoquant quelquefois des vomissemens — sortie de l'enfant.

4° *Période de délivrance.* — Demi sommeil — abattement — calme — frissons et
mouvemens spasmodiques de temps en
temps — écoulement par la vulve, de sang
mêlé aux eaux de l'amnios — coliques utérines — expulsion du placenta — tranchées
utérines.

Au moment de sortir de l'utérus, l'enfant peut présenter la tête ou les pieds.

De là deux sortes de présentations : présentation céphalique et présentation pelvienne.

La présentation céphalique se divise à son tour en présentation du crâne et présentation de la face. Les présentations crâniennes sont les plus fréquentes et celles qui se terminent le plus heureusement. On les divise en occipito-antérieure et occipito-postérieure, selon que l'occiput de l'enfant se trouve tourné dans le demi-cercle antérieur ou postérieur du bassin. — Dans les présentations occipito-antérieures, si l'occiput de l'enfant correspond à la face postérieure de la cavité cotyloïde gauche, on appelle cette position occipito-cotyloïdienne gauche (1re position). S'il correspond à la face postérieure de la cavité cotyloïde droite, cette position prend le nom d'occipito-cotyloïdienne droite (2me position).

Dans les présentations occipito-postérieures, si l'occiput se trouve placé contre la symphise sacro-iliaque droite, on appelle cette position occipito-sacro-iliaque droite (3me position). S'il correspond à la symphise sacro-iliaque gauche, cette position prend le nom d'occipito-sacro-iliaque gauche (4ᵐᵉ position).

Le plan de notre compte rendu ne nous permettant pas de nous occuper d'autre chose que de ce que nous avons vu, nous parlerons de ces différentes positions au fur et à mesure que les exemples viendront corroborer, par leur autorité authentique, les règles qui sont données dans les ouvrages et proclamées dans les leçons particulières d'accouchemens.

PRÉSENTATIONS CRANIENNES.

Première Position

OU POSITION OCCIPITO-COTYLOÏDIENNE GAUCHE.

La position occipito-cotyloïdienne gauche étant la plus fréquente de toutes, a été appelée par les auteurs première position.

« Avant le début du travail, l'enfant se

« trouve naturellement placé la tête inclinée
« en avant. Lorsque les contractions uté-
« rines commencent ; cette inclinaison
« augmente, et la tête s'engage la première
« dans le détroit abdominal. Le toucher
« en fait reconnaître la position dès le com-
« mencement même du travail. En pro-
« menant le doigt sur la partie engagée ;
« on sent l'occiput en avant et le front en
« arrière. Ces parties sont reconnaissables
« à la fontanelle antérieure qui s'offre com-
« me un losange situé vers la symphise
« sacro-iliaque droite. La fontanelle posté-
« rieure, ou mieux l'angle rentrant de la
« suture lambdoïde, occupe le point du
« bassin correspondant à la cavité cotyloïde
« gauche. Entre ces deux sutures le doigt
« reconnaît aisément la suture sagittale. Dans
« cette position le dos de l'enfant se trouve
« contre la paroi abdominale de la mère [1]. »
A mesure que le travail s'avance, la tête
s'engage davantage dans l'excavation du
bassin, l'occiput s'enfonce, le front se

---

[1] Fabre (Dictionnaire des dictionnaires), ouv. déjà cité.

relève et le menton s'approche de la poitrine. Par ce mouvement, le front, ainsi que la fontanelle antérieure, échappent au doigt de l'accoucheur, tandis que l'occiput ainsi que la fontanelle postérieure se trouvent plus près du centre de l'excavation. En s'enfonçant la tête exécute un mouvement de rotation en dedans ; l'occiput glisse sur la face postérieure de la branche du pubis et vient se placer derrière la symphise ou dans l'arcade pubienne elle-même ; le front fait ce mouvement en sens contraire et va se placer dans l'excavation du sacrum. L'occiput continue à se tracer sa route sous l'arcade pubienne, jusqu'à ce que la nuque vienne se placer sous le bord de cette arcade ; il franchit la vulve et, immédiatement après, il vient se replacer au devant de la symphise. La tête, entièrement dégagée, reprend au dehors la position diagonale qu'elle avait au début du travail, et la face se tourne vers la fesse droite de la mère.

« A mesure que la tête s'avance vers la « vulve, les deux épaules s'engagent diago- « nalement au détroit supérieur, le diamètre

2

« biscapulaire de l'enfant étant parallèle au
« diamètre oblique du bassin ; puis elles
« descendent en suivant exactement le même
« mécanisme que la tête. Lorsque la tête
« est sortie, les épaules se trouvent en
« direction antéro-postérieure dans le dé-
« troit inférieur, c'est-à-dire le diamètre
« biscapulaire étant parallèle au diamètre
« pubi-coccygien, et c'est dans cette position
« qu'elles franchissent la vulve. L'épaule
« droite s'engage sous l'arcade pubienne,
« et la gauche glisse du côté de la fourchette.
« Le reste du tronc n'offre plus alors aucune
« difficulté', et tout le corps se trouve
« dehors en un instant[1]. »

---

[1] Fabre, ouvrage déjà cité.

PREMIÈRE OBSERVATION.

———

Femme non mariée. — 1re grossesse. — Six heures de
fortes douleurs. — 1re position du sommet. — Fille née
à terme et bien portante. — Péritonite le 3me jour. —
Mort le 6me. — Autopsie.

La nommée Marianne G......[1], âgée de
vingt-un ans, et d'un tempérament sanguin, entra à la Maternité le 8 août 1839.
Elle se trouvait alors à son cinquième mois
de grossesse. Le 5 décembre une saignée
est pratiquée afin de diminuer une violente
irritation de la membrane muqueuse qui
tapisse la bouche et l'arrière bouche, et le
6, dès le matin, elle ressent les premières
douleurs de l'enfantement ; à 2 heures après
midi, l'orifice est dilaté de 10 lignes, souple,
mince et dilatable ; à 3 heures, il y a 15
lignes de dilatation, les membranes bom-

———

[1] J'ai cru devoir passer sous silence le nom de maison
des personnes accouchées à la Maternité. L'intérêt des
observations n'en sera pas diminué, et bien de familles
me sauront gré de cette attention.

bent , le sommet se présente et la fontanelle postérieure se trouvant placée derrière la cavité cotyloïde gauche , on reconnaît une première position ; à 5 heures , la dilatation est complète , les douleurs sont fortes , la tête s'engage dans le vagin ; à 5 et demie , les membranes se rompent et la tête opère en partie son mouvement de rotation ; à 6 heures et demie , elle s'avance vers la vulve , les parties externes de la génération et le périnée seuls offrent encore de la résistance ; à 9 heures , les douleurs qui s'étaient ralenties redoublent d'intensité , le périnée se distend , l'occiput s'engage sous l'arcade du pubis , et la tête franchit la vulve en première position du vertex , ainsi que le tronc. — Fille bien portante. — Dix minutes après , délivrance du placenta ; le cordon est inséré deux pouces et demi loin de son bord.

Après l'accouchement, le pouls est calme, la langue humide , l'utérus bien contracté, les lochies suffisantes , l'abdomen souple ; elle a quelques tranchées utérines (*infusion de violettes , bouillon*).

Le 7 , 1ᵉʳ jour , le pouls est plus fréquent qu'hier soir , l'utérus est bien contracté , abdomen sans douleur. *(Même régime)*.

Le 8, 2ᵐᵉ jour , la sécrétion du lait commence à se faire.

Le 9 , 3ᵐᵉ jour , le lait est très abondant , la langue est rouge et sèche , les lochies sont blanchâtres , le pouls donne 138 pulsations. *(Même régime)*.

Le 10, 4ᵐᵉ jour , la langue est humide et rouge , l'utérus douloureux , peu de lochies , le pouls donne 140 pulsations , l'abdomen est le siége d'une violente douleur , la peau est sèche et brûlante , la face rouge , les mammelles affaissées , elle est très altérée. (six sangsues à la vulve , dix-huit à la région hypogastique , saignée de 312 grammes , fomentations émollientes et cataplasme anodin sur l'abdomen , infusion de violettes).

Le 11, 5ᵐᵉ jour , le pouls donne 150 pulsations , la langue est humide et rouge , l'abdomen est météorisé, les lombes doulou-reuses , les mammelles sont légèrement tuméfiées. — A neuf heures du soir , les douleurs redoublent d'intensité, le pouls de fréquence oppression, abdomen très développé et très douloureux, violentes douleurs dans les lombes, pas de lochies (dix sangsues à la vulve, fomentations émollientes pendant deux heures). A onze heures, face rouge, délire, insomnie, mêmes douleurs dans les lombes (embrocations sur l'abdomen avec l'huile d'olive et le laudanum, fomentations sèches sur la région lombaire).

Le 12, 6me jour, pouls 156 pulsations, face terreuse, langue rouge et sèche, abdomen distendu et météorisé, mêmes douleurs aux lombes, mammelles affaissées, lochies verdâtres, très fétides, diarrhée, l'épigastre est sensible. (Saignée de 375 grammes, frictions avec l'onguent mercuriel double sur l'abdomen et à la partie interne des cuisses, calomel pulvérisé, 25 centigrammes à prendre toutes les heures dans une cuillerée de sirop.) A trois heures après midi, pouls 170 pulsations, oppression plus forte, abdomen très météorisé et peu sensible, pas de lochies. (Synapisme aux mammelles, vésicatoire à la partie interne de chaque cuisse, mixture

composée avec l'huile de ricin , eau distillée
de menthe , sirop de roses pâles , à prendre
par cuillerées.) La malade ne peut pas ava-
ler, délire violent ; les synapismes n'ont rien
produit après une heure et demie de station,
les vésicatoires n'ont pas pris [1]. Le 13 , à
trois heures et demie du matin , six jours et
six heures après son accouchement , elle
cessait de vivre.

Autopsie 30 heures après la mort.

A l'issue de l'abdomen , issue d'un gaz
fétide ; teinte arborisée du péritoine dans
plusieurs points de son étendue. La cavité
abdominale renferme une assez grande
quantité d'un liquide séreux légèrement
trouble ; elle est enflammée dans toute son

[1] Il y a quelques mois qu'un journal de médecine naquit
à Marseille , et la première chose qu'il fit fut de s'élever
contre la manière dont étaient préparées les drogues de
la pharmacie de l'Hôtel-Dieu , et contre la mauvaise
qualité des remèdes. Nous nous contenterons de faire
remarquer ici que ce n'est pas la seule fois que nous aurons à nous plaindre du peu d'effet qu'ils ont produit.

étendue ; de fausses membranes , molles ,
palpeuses , peu consistantes , en tapissent les
parois. De nombreuses adhérences , faciles
à déchirer, réunissent les circonvolutions de
l'intestin grêle ; de nombreux flocons albumineux semblables à ceux formant les adhérences nagent à la surface du liquide épan-
ché ; le foie est recouvert d'une couenne
jaunâtre de même nature que les flocons et
les adhérences. Les reins et la rate ne présentent rien de remarquable. La cavité
pleurale renferme un double épanchement
assez considérable, au milieu duquel flottent
encore quelques légers flocons. Les poumons
et le cœur sont à l'état normal. L'utérus ne
présente de remarquable que sa solidité et
son intégrité au milieu des désordres qui
l'entourent.

Nous nous abstiendrons toute réflexion
à l'égard de cette observation ; tout ce que
nous pourrions en dire n'augmenterait pas
l'intérêt qu'elle peut présenter et pourrait
influer en quelque sorte sur l'opinion du

lecteur. Nous ferons seulement observer que c'est le premier cas d'une péritonite qui nous a enlevé en peu de jours quatre personnes jeunes et fortes qui, après nous avoir fait espérer les suites de couches les plus naturelles, ont succombé tout-à-coup, nous laissant sans espoir et, pour ainsi dire, sans ressources. A quoi devons-nous en attribuer la cause? Aux soins? Nous ne craignons pas de dire que les soins qui sont donnés aux malades sont aussi bien ordonnés que bien exécutés. Aux remèdes? Nous n'oserions pas l'affirmer. Nous préférons penser que la température seule a causé tant de morts, et que la froide humidité qui régnait alors, a triomphé de l'action des remèdes et tué les malades. Nous aurons d'ailleurs lieu de revenir sur ce sujet et nous dirons mieux ce que nous en pensons. *Non est hìc locus.*

DEUXIÈME OBSERVATION [1].

Femme mariée. — Quatrième grossesse. — 28 heures de
de travail. — Première position du sommet. — Garçon à
terme, vivant mais faible. — Péritonite le troisième
jour. — Mort le sixième. — Autopsie.

La nommée Marguerite A...., âgée de
trente ans et d'un tempéramment sanguin,
est enceinte pour la quatrième fois. Ses
grossesses précédentes n'ont rien présenté
de remarquable. Le 22 décembre 1839,
dès le matin, elle commença à éprouver
les douleurs de l'enfantement ; à trois heures
après midi elle fut tirée des prisons, où
elle était consignée depuis quelques jours
seulement, et conduite à la Maternité.
L'orifice est alors dilaté de quatre à cinq
lignes ; à six heures il offre un pouce de
dilatation ; le sommet se présente et la
fontanelle postérieure se trouvant placée
derrière la cavité cotyloïde gauche, on

[1] Confiée aux soins de Mᵐᵉ Jaumard, élève sage-femme.

reconnaît une première position ; les douleurs sont faibles et éloignées , elle dort toute la nuit. Le 23 ; à six heures du soir, l'orifice n'est encore dilaté que de deux pouces; les douleurs commencent à prendre de la force , les membranes bombent pendant les douleurs ; à 7 heures , l'orifice est complètement dilaté , les douleurs sont très fortes , les membranes se rompent , la tête exécute son mouvement de rotation , et à sept heures et demie , elle franchit la vulve en première position , ainsi que le tronc. Un quart d'heure après , délivrance facile du placenta.

Après l'accouchement, face calme, langue humide , pouls calme , lochies suffisantes , utérus bien contracté , abdomen souple , un peu douloureux au toucher.

Le 26 décembre , 3ᵐᵉ jour de l'accouchement , la langue , jusqu'alors naturelle , est sèche et blanchâtre , le pouls fréquent (120 pulsations) , l'utérus très développé et douloureux ; pas de lochies , pas de lait ; forte douleur sur le côté droit de l'abdomen , une selle en diarrhée (16 sangsues à la

vulve et 15 sur le point douloureux ; lavement amylacé, fomentations sur l'abdomen
pendant deux heures et frictions avec un
liniment opiacé, cataplasme laudanisé,
saignée de 468 grammes, émulsion avec
le sirop de nymphœa). L'enfant est mort
dans la nuit.

Le 27, 4me jour, langue sèche, pouls
fréquent (124 pulsations), face rouge,
abdomen développé, dur ; la douleur du
côté est toujours très forte, insomnie ; le
avement a été rendu avec des matières
diarrhoïdes, rougeâtres ; pas de lochies,
pas de lait, nausées, vomissemens, suffocation (vésicatoire sur la douleur, frictions
sur l'abdomen avec onguent mercuriel
double, tisanne d'orge amylacé).

Le 28, 5me jour, langue sèche et blanchâtre, pouls fréquent, abdomen dur et
développé, très douloureux, pas de lochies,
la douleur au côté persiste toujours, le vésicatoire n'a pas pris [1], la suffocation est la
même, douleur aux reins, pas de selles,

[1] Voilà encore un vésicatoire qni ne fait aucun effet.

déjections involontaires, déglutition difficile (tisanne amylacée, lavement avec trois gouttes croton - tiglium , frictions avec l'onguent mercuriel double, mixture avec l'huile de ricin et les eaux de menthe et de tamarin).

Le 29 , 6ᵐᵉ jour , à six heures du matin , elle a cessé de vivre. ⸱

Autopsie. — 28 heures après la mort.

Le corps répand une fétidité remarquable ; la cavité abdominale renferme un épanchement séreux et verdâtre dans lequel se trouve mêlé une assez grande quantité de pus jaune et crêmeux ; épanchement dans le côté droit de la poitrine ; teinte arborisée du péritoine dans quelques points de son étendue , couenne jaunâtre recouvrant la surface du grand lobe du foie et répondant à la douleur dont se plaignait la malade pendant sa maladie ; les intestins ne présentent aucune adhérence. Péricarde sec , utérus sain ; le point de sa surface

interne correspondant à l'insertion du
placenta présente des cylindres tronqués
composés de sang couenneux et situés à
l'ouverture des sinus utérins.

———————

Cette observation, presque semblable à
la précédente, ne présente de remarquable
que la rapidité avec laquelle marche la
maladie. Les trois jours qui suivent l'accouchement nous font pressentir une issue
heureuse, pourtant le quatrième jour le
pouls s'agite, l'abdomen s'endolorit, et le
sixième la malade rend le dernier soupir.
Où trouver la source de cette funeste maladie ? Il y a toujours quelques raisons plus
ou moins bonnes à donner, chez celles-ci
surtout ; non seulement l'état de l'atmos-
phère est pernicieux, mais encore elle sort
d'une prison humide et froide, où elle ne
sera pas entrée de bon gré, assurément,
où la douleur morale se joignant bientôt
à la douleur physique aura préparé cette
infortunée aux maladies funestes, à la mort.
Mais celle qui a fait le sujet de notre pre-

mière observation ? mais celle qui fera le
sujet de notre troisième ? qui les y a dis-
posées? Que quelqu'un résolve ces questions,
s'il le peut ; quant à moi , je me contente
d'observer et ne cherche pas à pénétrer ces
mystères impénétrables de la fragilité humaine. Je ne puis cependant m'empêcher
de remarquer que , s'il en est des autres
remèdes comme du vésicatoire , il n'est pas
étonnant que la maladie résiste à des remèdes sans effets.

TROISIÈME OBSERVATION.

Femme non mariée. — Première grossesse. — Quinze
heures de travail. — Première position du sommet. —
Garçon né à terme et bien portant, — Péritonite le troisième jour. — Mort le septième. — Autopsie.

La nommée Marie M....... , âgée de dix-
sept ans, d'un tempéramment lymphatique,
entre dans la Maternité le 25 décembre

1839, avec les douleurs de l'enfantement, qu'elle ressentait, légères, à la vérité, depuis la veille. A 9 heures du soir, l'orifice est dilaté de quinze lignes, souple et dilatable ; le sommet se présente et la fontanelle supérieure se fait sentir derrière la cavité cotyloïde gauche. Les douleurs sont faibles et mettent entr'elles un assez long temps. Le 26, à deux heures du matin, les douleurs prennent quelque force ; elle éprouve quelques vomissemens ; à trois heures l'orifice est entièrement dilaté ; les membranes bombent ; à cinq heures elles se rompent et la tête exécute son mouvement de rotation ; à six heures et demie, elle franchit la vulve en première position, ainsi que le tronc, — Un quart-d'heure après, délivrance facile du placenta, le cordon est inséré tout près de son bord.

Après l'accouchement, pouls fréquent, face rouge, langue humide, utérus bien contracté, lochies suffisantes, abdomen souple et sans douleurs. — Le soir le pouls est fréquent, la face rouge, peu de lochies, abdomen douloureux au toucher (quinze sangsues à la vulve) , après l'application des sangsues, le vagin rejette un caillot de sang noirâtre assez volumineux.

27 décembre, 1er jour. — Pouls calme, langue blanchâtre, lochies suffisantes, abdomen tendu et douloureux , utérus bien contracté.

28 décembre, 2me jour. — Pouls (120 pulsations), lochies suffisantes et blanchâtres, la sécrétion du lait commence à se faire.

29 décembre, 3me jour. — Pouls (134 pulsations), infiltration de la vulve , un lavement purgatif n'a amené aucune selle, douleurs lombaires et hypogastriques , pas de lochies , abdomen peu développé et douloureux (lavement anodin , dix sangsues sur chaque région iliaque , cataplasme anodin sur l'abdomen).

30 décembre, 4me jour. — Pouls (134 pulsations), langue humide et blanchâtre , face injectée , lochies verdâtres et fétides. Abdomen douloureux , douleur à la région lombaire droite ; cinq selles verdâtres et vomissements bilieux occasionnés par quel-

ques doses légères d'ipécacuana ; elle a uriné dix fois. (Cataplasme anodin, julep, infusion de tilleul aromatisé avec quelques gouttes eau-de-fleur d'oranger.)

31 décembre, 5me jour. — Pouls petit, donnant 136 pulsations, langue saburale, douleur de tête, douleur épigastrique, oppression, peu de lochies, pas de selles (frictions opiacées sur l'abdomen). A quatre heures, pilule avec le calomel ; à six heures, deuxième pilule purgative ; à sept heures, quinze sangsues à l'épigastre ; de cinq heures du soir au lendemain six heures du matin, neuf selles abondantes et en diarrhée, urine rouge ; de onze heures du soir à une heure du matin, trois vomissements de matière glaireuse. (Looch diacodé.)

1er janvier 1840, 6me jour. — Pouls (144 pulsations.) Langue humide, peu de lochies, peau moite, oppression, hoquet, violente douleur à l'épigastre ; à quatre heures du soir, pouls (154 pulsations), les douleurs sont plus fortes, la vue se trouble. (Mêmes prescriptions, limonade.)

2 janvier, 7me jour. — Pouls faible don-

nant 160 pulsations, langue humide, pas
de lochies, hoquet intermittent, respira-
tion embarrassée et n'arrivant que par
saccades. (Julep anodin, frictions avec
l'onguent mercuriel double, limonade). A
trois heures du soir, vomissement d'un
sang noirâtre ; à cinq heures, mort.

Autopsie.

Fortes adhérences entre les parois de
l'abdomen et l'épiploon qui se déchire en
voulant le séparer des intestins ; ces derniers
sont tellement liés entr'eux, qu'ils semblent
ne former qu'un tout continu. Flocons
albumineux très abondants vers l'utérus.
Une fausse membrane très épaisse unit le
grand lobe du foie au diaphragme ; une
autre fausse membrane recouvre la surface
concave du foie. Arborisation très forte au
cœcum muqueux intestinal, qui d'ailleurs
est très pâle. Quelques graines de raisin
dans les gros intestins où il n'y a guère que
des matières liquides et verdâtres, et quel-
grumeaux de matière solide très divisés.

Légers flocons sur la face pleurale droite
du diaphragme. Petit épanchement sanguinolent dans la cavité droite de la poitrine ;
nul à gauche. Sur l'ovaire gauche on remarque une tumeur de la grosseur d'un
petit œuf de poule et rempli d'un pus blanc
et crêmeux. Péricarde sec, utérus sain.

RÉFLEXIONS.

Dans la partie réservée aux positions
occipito-cotyloïdiennes droites (2me position)
nous trouverons le quatrième cas d'une
péritonite qui nous a enlevé en quelques
jours quatre accouchées qui, après la délivrance, se trouvaient en voie de guérison.
En présence de faits aussi frappants, aussi
terribles, que l'autopsie ne résout pas et ne
peut expliquer, que la prudence humaine
ne peut atteindre, il est bien difficile de ne
pas reconnaître l'insuffisance et la faiblesse
de la médecine. Tous les traitements
échouent, et, au milieu des symptômes qui
pendant la vie nous paraissaient identiques,

nous trouvons sur le cadavre des différences
énormes. Pourtant, s'il m'était permis d'examiner les causes premières d'une si funeste
maladie et de jeter un regard en arrière,
je verrais ces malheureuses femmes enceintes, continuellement effrayées ; que
dis-je, terrifiées par les paroles inconsidé-
rées, pour ne pas dire coupables ; d'un
homme qui se dit ministre d'un dieu de
justice et de paix : je les verrais outragées,
repoussées, injuriées lorsqu'elles refusent
de se présenter tous les huit jours au tri-
bunal de la pénitence, ajoutant peu de foi
aux craintes que cherche tant à leur inspirer
M. l'abbé R... on ne sait trop pour quel
motif. Je le dis ici en passant, et je prends
à témoin toutes les personnes qui l'ont entendu, lorsque la nommée Marianne G.....
accouchée par moi, fut morte, M. l'abbé
s'empara en homme habile de l'occasion,
il appela la vengeance céleste sur la tête
des malheureuses qui ne rejetteraient pas
de toute leur force l'assistance d'un médecin, menaçant de toutes les peines de l'enfer
ces personnes appelées sages-femmes, et

qui pourtant sont moins sages (toujours
selon lui) que des nourrices publiques. Ces
femmes-là , dit-il, brûleront éternellement,
car elles reçoivent parmi elles un homme,
un démon incarné [1]. Oh! sans doute que
s'il ne craignait pas de demeurer englouti
avec tant de personnes profanes et impies
qui seraient indignes de mourir avec lui,
il appellerait de tous ses vœux la ruine et la
destruction du monde. Et de là, il répand le
trouble et la terreur dans l'âme de ces personnes , qui , la plupart sans éducation ,
prennent argent comptant les paroles de cet
histrion et rentrent dans leur prison le cœur
plein , les yeux gonflés de larmes , n'entre-
voyant devant elles que la mort et le médecin
armé de son scalpel , venant , comme le
leur dit fort élégamment M. l'abbé , pour
les *écharper*. Voilà , selon moi , une des
causes premières de cette maladie ; mais le
rôle de l'abbé n'est pas fini ; il accompagne
jusqu'au tombeau sa malheureuse victime ,
il la poursuit de ses paroles vengeresses ,

---

[1] Textuel.

et, prophète de malheur, au lieu des paroles
de paix, d'espérance et de consolation, il
ne lui donne que des paroles de fiel et
d'amertume. Alors la douleur morale double, triple et quadruple même la douleur
physique, et le médecin trouve en arrivant
des symptômes plus graves, et il ne sait
comment les expliquer ; il ne comprend pas
pourquoi les remèdes agissent peu et même
n'agissent pas du tout, et la malade meurt,
et M. l'abbé s'en réjouit en chaire, et il dit
en se frottant les mains : Je l'avais prédit,..
Oh ! religion de l'Homme-Dieu ; c'est pourtant d'un de tes ministres que je parle !!!
Lorsqu'un homme en est venu à ce point
de fanatisme ambitieux, qu'il ne craint pas
de se jouer de la vie d'une créature afin de
régner despotiquement sur l'imagination des
faibles d'esprit qui croient ses prédictions
inspirées, il cesse d'être digne du nom qu'il
porte et du ministère qu'il exerce, surtout
lorsque cet homme est prêtre et que ce
prêtre s'adresse à des personnes qui ont
commis une faute. Je ne veux pas cependant
poursuivre trop loin M. l'abbé R..., aussi

je passerai sous silence la scandaleuse démarche qu'il fit en quittant le saint Viatique
pour forcer à s'agenouiller un étudiant en
médecine qui s'était contenté de lever son
chapeau, et qui, plus sensé et plus religieux
que l'abbé, se prosterna tout honteux d'un
pareil scandale. Je ne parlerai pas, non plus,
de tant d'autres choses qu'il me serait trop
long d'énumérer ici, et que m'ont raconté
des personnes bien dignes de foi. Quoiqu'il
en soit, je suis heureux de penser que nous
n'aurons bientôt plus à nous occuper soit
de l'abbé R...., soit de la sœur S.... C...,
et que nous pourrons continuer notre
œuvre sans être obligé de rappeler à l'ordre
de pareils actes et de pareils individus [1].

[1] L'abbé R.... est sorti de la Maternité au mois de janvier,
la sœur S....C.... à la fin du mois de mars.

QUATRIÈME OBSERVATION [1].

Femme non mariée. — Première grossesse. — Neuf heures
de travail. — Garçon à terme et bien portant. —Première position du sommet.

La nommée Rose B...., âgée de 28 ans,
d'un tempéramment sanguin, entra à la
Maternité le 20 novembre 1839. Le 2 janvier 1840, dès le matin, elle éprouva les
premières douleurs de l'enfantement, qu'elle
ne déclara qu'à midi [2]. L'orifice était alors
dilaté d'un pouce, et les membranes saillan-
tes. La tête se présente et la fontanelle postérieure correspond à la cavité cotyloïde
gauche. A deux heures, l'orifice offre dix-
huit lignes de dilatation; les douleurs sont

[1] Confiée aux soins de Mlle Brunet, élève sage-femme.

[2] Les femmes enceintes étaient tellement terrifiées par
les sermons coupables de l'abbé R... et les conversations
plus coupables encore de la sœur S.... C...., que si elles
avaient pu repousser toute autre assistance que celle de
ces deux êtres, elles n'eussent pas manqué de le faire.
C'eût été pousser la crédulité un peu loin!

très fortes et les membranes font une forte
saillie. A trois heures, l'orifice est complètement dilaté, les membranes se rompent
au centre, une assez grande quantité d'eau
s'en échappe ; quelques instants après, la
tête exécute son mouvement de rotation et
franchit la vulve en première position,
ainsi que le tronc. Demi-heure après, délivrance facile du placenta ; le cordon est
inséré quatre pouces loin de son bord.

Après l'accouchement, pouls calme, langue humide et blanchâtre, lochies suffisantes, utérus bien contracté, abdomen
souple et douloureux, douleurs lombaires
(tilleul).

3 janvier, 1er jour. — Pouls calme, langue
humide et blanchâtre, lochies suffisantes ;
l'utérus rejette un caillot de sang dur et
noir de la grosseur d'un œuf de poule,
abdomen souple, sans douleurs ; plus de
douleurs lombaires (infusion de violettes,
bouillon [1].)

_____

[1] Les bouillons qui sortent des cuisines de la Charité ne
ressemblent pas mal à de l'eau claire ; c'est à peine si
l'on parvient à découvrir de légères bluettes de graisse
nageant à la surface.

4 janvier, 2ᵐᵒ jour. — La sécrétion du lait commence à se faire. (Infusion de violettes, bouillon.)

6 janvier, 4ᵐᵉ jour. — Pouls 124 pulsations, lochies suffisantes, langue rouge au milieu, blanchâtre sur ses bords, abdomen souple mais douloureux, douleur à la région iliaque gauche, abondante sécrétion de lait, pas de selle. (Infusion de violettes, bouillon, cataplasme laudanisé sur le point douloureux.) À midi, forte transpiration ; à trois heures, lavement avec soixante-trois grammes de miel, 30 grammes sel marin ; ce lavement est rendu sans mélange ; à onze heures, transpiration abondante, sommeil.

7 janvier, 5ᵐᵉ jour. — Pouls calme, langue moins rouge, peu de lochies et blanchâtres, abdomen souple et sans douleur, pas de selle. (Infusion de violettes ; deux bouillons, lavement.)

À partir du 8 janvier, 6ᵐᵉ jour, la malade est toujours allée de mieux en mieux, et le 14 janvier, 12ᵐᵉ jour, elle est passée à la section d'allaitement.

CINQUIÈME OBSERVATION.

Femme non mariée. — Première grossesse. — 25 heures de travail. — Garçon vivant et en bon état.

La nommée Marianne P...., âgée de 30 ans, d'un tempéramment lymphatique, est enceinte pour la première fois. Sa grossesse n'a rien présenté de remarquable. Entrée dans la maison le 19 novembre 1839, elle ressent les douleurs de l'enfantement le 22 janvier 1840, à 8 heures du soir, et ne les déclare que le lendemain 23 à 6 heures du soir.[2] L'orifice est alors dilaté d'un pouce et demi ; les douleurs sont très fortes et très rapprochées ; on sent parfaitement la fon-

[1] Confiée aux soins de Mlle Scamura.

[2] L'influence exercée par la Sœur S.... C... sur toutes les filles enceintes était telle, qu'elles ne déclaraient les douleurs de l'enfantement que le plus tard possible et aux approches de la nuit, lorsque cela était en leur pouvoir; de cette manière, les élèves sages-femmes seules devaient assister à l'accouchement, et l'œil d'un homme profane ne venait pas souiller de ses regards indiscrets, les yeux de ces vertus outragées.

tanelle postérieure correspondre à la cavité cotyloïde gauche. A 7 heures, l'orifice est dilaté de deux pouces ; à 8, il l'est complètement : la tête exécute son mouvement de rotation, les membranes se rompent, beaucoup d'eau s'en échappe ; à 9 heures la tête franchit la vulve en première position ainsi que le tronc.

Demi-heure après, délivrance facile du placenta, le cordon est inséré à deux pouces loin de son bord.

Après l'accouchement, pouls calme, langue humide, utérus bien contracté, abdomen souple et sans douleurs, lochies suffisantes. (Infusion de violettes, bouillon.)

24 janvier, 1er jour. Pouls calme, langue humide et blanchâtre, lochies suffisantes, utérus bien contracté, abdomen flasque et douloureux au toucher. (Même régime.)

26 janvier, 3e jour. La sécrétion du lait commence à se faire.

29 janvier, 6e jour. Le pouls devient un peu fréquent, l'abdomen un peu douloureux. (Soupe, cataplasme anodin sur la douleur.)

3o janvier, 7ᵉ jour. L'abdomen est moins douloureux et le pouls moins fréquent ; la malade est aussi bien que possible. (Quart matin et soir.)

Le mieux se continuant , on la fait passer aux nourrices seize jours après son accouchement.

———◆———

SIXIÈME OBSERVATION. [1]

Femme mariée. — Septième grossesse. — Onze heures de travail. — Fille faible et grèle.

———◆———

La nommée Jeanne B....., âgée de 4o ans, d'un tempéramment sanguin , est enceinte pour la septième fois. Ses grossesses n'ont jamais rien présenté de remarquable : parvenue au septième mois de celle-ci , elle a éprouvé des nausées et des vomissemens

[1] Confiée à Mˡˡᵉ Audibert.

qui ont duré jusqu'à sa délivrance ; aucune
médication n'a été mise en usage, si ce n'est
un peu de rhubarbe en poudre dans les derniers temps. Entrée dans la maison le 27
novembre 1839 , elle n'éprouve les douleurs
de l'enfantement que le 1er février 1840 ; à la
suite d'une légère métrorrhagie. A 6 heures
du matin , l'orifice est dilaté de six lignes ,
les douleurs sont faibles et lentes. A 2 heures
après-midi , les contractions de l'utérus sont
un peu plus fréquentes , l'orifice est dilaté
d'un pouce et permet de reconnaître la fontanelle postérieure derrière la cavité cotyloïde gauche. A 4 heures , il y a 18 lignes
de dilatation, les membranes se rompent, une
grande quantité d'eau s'en échappe. A 5
heures , la dilatation est complète , la tête
exécute son mouvement de rotation , et
franchit la vulve en première position ainsi
que le tronc. Demi heure après , délivrance
du placenta , le cordon est inséré trois pouces
loin de son bord.— Après l'accouchement ,
pouls calme , langue humide , utérus bien
contracté, abdomen souple, indolore, lochies
suffisantes. (Infusion de violettes, bouillon.)

2 février, 1ᵉʳ jour. Langue humide ; pouls
calme ; lochies suffisantes ; utérus bien
contracté ; abdomen souple et indolore.
(Soupe matin et soir.)

4 février, 3ᵉ jour. Pouls calme ; langue
humide, lochies suffisantes, blanchâtres,
pas de lait. (Quart matin et soir.)

6 février, 5ᵉ jour. Le lait ne venant pas,
on est obligé de donner l'enfant à une autre
nourrice.

10 février, 9ᵉ jour. Elle sort de la maison.

La malheureuse qui fait le sujet de cette
observation, est un exemple frappant de la
manière impitoyable avec laquelle la sœur
S.... C.... traitait les infortunées qui avaient
le malheur de lui déplaire, et de la trop
grande complaisance de l'Administration
qui craignait de contrarier ce que cette
Sœur avait fait, alors même qu'elle recon-
naissait l'injustice de ses démarches. Lorsque Jeanne B..... fut assez bien pour n'avoir
plus besoin d'être vue par le Chirurgien en

chef , elle s'offrit pour nourrice à la sœur
S.... C....., chef de la section d'allaitement,
La Sœur la refusa , attendu qu'elle n'avait
pas de lait et qu'elle était trop vieille. C'était
bien jusques là ; mais lorsque la malheureuse pria la sœur *Hospitalière* de garder
son enfant , en lui exposant la terrible si-
tuation dans laquelle elle se trouvait : sans
pain pour elle , sans lait pour son nour-
risson et sans espoir d'en trouver nulle
part ; il lui fut répondu impitoyablement ,
et *on* lui enjoignit de sortir immédiatement
de la Maternité.

Elle se décida alors d'aller à l'Administration qui , après avoir pris connaissance de
tous les faits , la renvoya à la Société Maternelle sans lui accorder la moindre parole
de consolation. Mais la Société Maternelle
ne pouvait lui donner qu'un demi lait, et
encore c'était par commisération , car les
Dames de cette Société charitable ne doivent
en donner qu'aux mères de trois enfans en
bas âge , et à celle-ci il ne lui en restait
qu'un. Que fera-t-elle donc ? Se contentera-
t-elle de cette moitié de vie pour sa pauvre

petite fille ; et elle, mourra-t-elle de faim ?
car, avec un enfant sur les bras, qui voudra
la prendre pour servante? Dans cette cruelle
position , elle retourne à l'Administration.
Les larmes de cette malheureuse ne purent
exciter la pitié de ces Messieurs ; et , lorsqu'elle leur démontra la nécessité d'exposer
sa pauvre petite créature au tour des enfans
trouvés , il lui fut répondu qu'on la ferait
jeter en prison ; si elle osait le faire. Elle ne
l'osa pas , mais elle fit une dernière tenta-
tive auprès de MM. les Administrateurs qui,
cette fois , ayant mis à part toute idée de
partialité , prirent sous leur protection cette
malheureuse petite créature qui pleurait de
faim et de misère peut-être , et consolèrent
la pauvre mère avec la charité et le bon
cœur qui les distinguent. Depuis lors Jeanne
est allée bien souvent à la Maternité pour
voir sa fille , et, bien qu'autorisée par l'Administration , elle ne l'a vue que trois ou
quatre fois ; presque toujours la Sœur char-
gée du service des enfans à la mamelle a
su trouver une excuse pour refuser à une
mère la vue de son enfant !

Je m'abstiens de faire des réflexions sur ces faits, ils parlent assez d'eux-mêmes, et pour qu'on ne croie pas que je porte ici une fausse accusation, j'ai conservé l'adresse de la victime, et je suis prêt à la donner à quiconque me la demandera, et, si j'ai dit un seul mot au-delà de la vérité, je m'engage d'avance à me rétracter et à subir toutes les conséquences de cette rétractation.

SEPTIÈME OBSERVATION [1].

Femme mariée. — Troisième grossesse. — Quatre heures de travail. — Garçon vivant et en bon état. — Point de côté la veille de l'accouchement. — Pneumonie. — Péricardite. — Vaste abcès sous le muscle crural droit. — Mort le 27e jour.

La nommée Marie R...., âgée de 28 ans, d'un tempéramment lymphatique, est enceinte pour la troisième fois. Ses deux

[1] Confiée à Mlle Brunet.

grossesses précédentes n'ont rien présenté
de remarquable. Cette fois-ci, dans la nuit
du 3 février, elle commence à se plaindre
d'une violente douleur qui, partant de l'hy-
pochondre gauche, se prolonge jusqu'à l'épigastre. Une saignée du bras, pratiquée le
lendemain matin, n'amène aucun soulagement. Entrée dans la maison à 4 heures
du soir, le 4 février, la douleur était si forte
qu'elle lui arrachait des cris. Aussitôt 25
sangsues sont appliquées sur le point douloureux, et après la chute des sangsues, des
cataplasmes de farine de graine de lin. La
douleur est un peu moins forte, céphalalgie,
toux, expectoration abondante, soif excessive. (Tisane pectorale, looch gommeux
diacodé.)

Dans la nuit du 24 au 25, insomnie complète, agitation, suffocation, la douleur du
côté a reparu avec beaucoup de violence ;
à 6 heures du matin, elle ressent les premières douleurs de l'enfantement, à 7 heures
l'orifice est dilaté d'un pouce, on sent parfaitement la fontanelle postérieure derrière
la cavité cotyloïde gauche et la fontanelle

antérieure derrière le pubis droit. A 8 heures, l'utérus se contracte avec plus de violence, les membranes font saillie pendant la douleur. A 9 heures, la dilatation est complète, les membranes se rompent, une grande quantité d'eau s'en échappe, et, immédiatement après, la tête franchit la vulve en première position ainsi que le tronc, demi-heure après, délivrance du placenta ; les vaisseaux de la face fœtale sont très gros et distendus, le cordon est très infiltré.

Après l'accouchement pouls fréquent, langue blanchâtre au milieu, rouge à sa pointe, face agitée, utérus bien contracté, abdomen souple et sans douleur, la douleur du côté est toujours très forte : un synapisme, qui a demeuré trois heures et demie sur le lieu de la douleur, n'a procuré aucun soulagement. Suffocation, expectoration difficile, peu de lochies. (Tisanne pectorale, looch gommeux diacodé, saignée au bras de 281 grammes.) A 9 heures du soir la douleur étant la même, une nouvelle saignée de 219 grammes est pratiquée ; pendant la nuit, calme, sommeil intermittent, elle a uriné trois fois. Ses urines sont rouges et sédimenteuses.

6 février, 1er jour. Pouls très fréquent, peau sèche et brûlante ; face rouge, langue humide, blanche au milieu, rouge à sa pointe ; abdomen souple et sans douleurs, pas de lochies, suffocation, même douleur, expectoration difficile, crachats rouillés, transpiration, assoupissement pendant deux heures, céphalalgie, légère douleur à l'abdomen. (Même tisane, même looch, saignée de 250 grammes.)

7 février, 2e jour. Pouls moins fréquent, face moins rouge, abdomen souple mais douloureux, un peu de lochies, toux et suffocation moindres. Nausées et vomissemens, six selles en diarrhée, expectoration très peu abondante. (Même tisane, même looch, potion avec trois décigrammes tartre stibié à prendre par cuillerée d'heure à heure.) A cette potion sont dues les selles en diarrhée.

8 février, 3me jour. Même état, même régime, nouvelle potion stibiée qui donne quatre selles.

L'enfant qui était allé toujours en dépérissant est mort à six heures du soir.

10 février, 5ᵉ jour. Il y a un mieux sensible, une crème kermétisée est accordée ; dans la journée, le pouls s'agite, les selles deviennent laborieuses, la suffocation augmente, urines rouges, expectoration abondante. (Large vésicatoire sur la partie latérale gauche du thorax, pas de sommeil.)

15 février, 10ᵉ jour. Depuis le 10 février elle est allée de mieux en mieux, elle a supporté sans inconvéniens quelques crêmes légères et quelques bouillons de veau, le vésicatoire a fait son effet et coule aujourd'hui très peu, elle a dormi cette nuit 4 heures sans interruption. (Eau vineuse sucrée, looch kermétisé, crême d'avéna, bouillon de veau.)

16 février, 11ᵉ jour. Pouls un peu plus fréquent, langue humide et rouge, douleur violente à la partie inférieure de la cuisse droite, principalement au genou. Dans la journée, sept selles en diarrhée, nouvelle suffocation. (Même tisane, mêmes médicamens, application d'un cataplasme laudanisé *loco dolenti*.)

19 février, 14ᵉ jour. Pouls fréquent, langue rouge, toux moins forte, expectoration moins abondante; la douleur de la cuisse est toujours aussi forte. (Tisane d'orge gommée et lichen d'Islande, looch kermétisé, crème.)

22 février, 17ᵉ jour. Pouls moins fréquent, langue moins rouge, toux et expectoration moins fortes, la douleur de la cuisse est aussi violente, deux selles, trois heures de sommeil. (Tisane de lichen d'Islande, looch kermétisé, soupe matin et soir, pruneaux.)

25 février, 20ᵉ jour. Pouls fréquent, langue rouge, suffocation violente, douleur de la cuisse très forte, pas de sommeil, trois selles en diarrhée. (20 sangsues à la partie interne de la cuisse droite, vésicatoire sous la mammelle gauche, orangeade, looch kermétisé.)

26 février, 21ᵉ jour. Pouls très fréquent, langue humide et rouge, suffocation moins forte, la douleur de la cuisse est la même, assoupissement, une selle en diarrhée. (Tisane d'orge lactée, looch kermétisé.)

29 février, 24ᵉ jour. Pouls fréquent, lan-

gue rouge, suffocation, toux, expectoration
abondante, la douleur de la cuisse va toujours croissant, deux selles, elle a uriné
une fois. (Même tisane, même looch ; nouveau vésicatoire sous la mammelle gauche.)

2 mars, 26ᵉ jour. Pouls fréquent, langue
moins rouge, suffocation violente, agitation
excessive, malaise général, elle refuse tout
excepté l'eau vineuse.

3 mars, 27ᵉ jour. Pouls faible et fréquent,
langue rouge, face décomposée, suffocation
excessive, expectoration presque impossible,
le vésicatoire ne coule plus, la douleur de
la cuisse est toujours très violente ; à 11
heures elle refuse tout ce qui lui est présenté, et à midi elle rend le dernier soupir.

Autopsie 24 heures après la mort.

La cuisse droite est pâle et tuméfiée ; on
dirait une *phlegmasia alba dolens*. La dis-
section ne présente pourtant rien de remarquable jusqu'au muscle crural, dont la
plupart des fibres se trouvent décollées et
disséquées dans les parties qui avoisinent le

fémur, et servent de cloison à un vaste
foyer de pus qui, partant depuis le milieu
du tiers supérieur de l'os, va jusques à
l'articulation du genou. Ce foyer, qui occupe toute la partie interne de la cuisse sous
le muscle crural, contourne l'os et présente
encore de vastes fusées à la partie externe et
antérieure. — Le périoste n'est pas endom-
magé. — Les ramifications veineuses présentent çà et là quelques petits caillots ; les
vaisseaux lymphatiques, quoique un peu
engorgés, n'offrent rien de bien remarquable.

La cavité pleurale gauche renferme quinze
hectogrammes de pus crêmeux, dans lequel
nage une énorme quantité de flocons
albumineux et granuleux. Le poumon est
tellement refoulé et atrophié, qu'on ne peut
l'apercevoir qu'après avoir vidé une poche
de pus de la grosseur d'un œuf de poule,
située entre le lobe inférieur et le supérieur,
et ne communiquant pas avec le grand
foyer.

La membrane séreuse du péricarde paraît
épaissie et se trouve complètement enve-

loppée dans un sac de fausses membranes
granuleuses, et purulentes de même nature
que celles que nous avons trouvées dans la
cavité de la poitrine. Un pus semblable à
celui que nous avons trouvé jusqu'à présent
remplit la cavité du péricarde. Le cœur est
un peu pâle à sa périphérie.

Le côté droit de la poitrine présente des
adhérences produites sans doute par d'anciennes pneumonies.

Les intestins et le péritoine présentent
quelques points striés et arborisés.

La face interne de l'utérus, quoique d'un
tissu solide, est d'une friabilité remarquable.

HUITIÈME OBSERVATION [1].

Femme non mariée. — Première grossesse. — Epistaxis.
Garçon mort et putréfié. — Neuf heures de travail. —
Hémorrhagie. — Péritonite. — Mort. — Autopsie.

La nommée Rosa S...., âgée de 36 ans,
est enceinte pour la première fois. Sa gros-

[1] Confiée à Mlle Scanura.

sesse n'a rien présenté de remarquable jusqu'au terme de cinq mois et demi. A cette époque de grands chagrins ayant fait sur elle une forte impression, elle eut une suffocation assez forte et une infiltration des membres inférieurs. Quelques épistaxis s'étant déclarées, une saignée fut pratiquée le 22 décembre 1839. Après trois jours de calme, la suffocation revint, et l'infiltration, loin de disparaître, augmenta au point d'envahir tout le corps, mais plus spécialement les membres inférieurs. Les épistaxis s'étant renouvelées, la suffocation augmentant, l'infiltration étant la même, une seconde saignée fut jugée convenable le 31 décembre. La suffocation augmentant toujours, une troisième saignée fut pratiquée le 1er janvier 1840 ; elle ne disparut pas pour cela, et l'infiltration au lieu de diminuer, s'étendit aux grandes lèvres. Trois pilules de digitale furent alors données, et provoquèrent dyssenterie et fièvre ; un vésicatoire fut appliqué au bras droit le 13 janvier ; la suffocation disparut. Reçue dans la maison le 21 janvier, à six heures du soir

elle a le pouls calme, insomnie pendant
toute la nuit. Du 22 janvier au 6 février,
son état a été presque toujours le même :
un pouls calme, une langue assez naturelle,
des urines assez fréquentes à cause de la
tisane de chiendent nitrée qui lui est
donnée, quelques épistaxis, des urines jau-
nâtres ; du 3 au 6 février, elle n'accusa
aucun mouvement de son enfant, et l'aus-
cultation ne permit d'entendre que le souffle
utérin ; dans les derniers temps, l'infiltration
avait beaucoup diminué, mais les épistaxis
avaient beaucoup augmenté. Le 6 février, à
dix heures du soir, elle ressent dans les
lombes des douleurs légères que l'on reconnaît être les douleurs de l'enfantement ; à
deux heures du matin, les douleurs sont bien
plus fortes et plus rapprochées ; on ne peut
reconnaître la dilatation de l'orifice utérin
à cause de l'infiltration très forte des grandes
lèvres. A quatre heures, les contractions
agmentent encore ; à six heures, les membranes se rompent, une assez grande quantité d'eau verdâtre s'en échappe ; à sept
heures et quart on parvient à toucher une

tumeur molle que l'on présume être le
sommet. L'enfant est mort. A sept heures ,
la tête franchit la vulve (1ʳᵉ position) ainsi
que le tronc. Garçon né mort et putréfié.
L'épiderme se soulève. Après la sortie de
l'enfant , hémorrhagie utérine. On hâte la
délivrance du placenta , qui se trouvait
engagé dans le vagin. De légères tractions
sont faites sur le cordon , qui se sépare de
la masse placentaire ; on introduit alors
deux doigts dans le vagin et on l'entraîne
hors de la vulve ; elle est putréfiée ; le cordon
est infiltré et verdâtre. Malgré les frictions
soutenues qui sont faites sur l'abdomen ,
l'hémorrhagie continue toujours , les réfri-
gérans n'avancent pas davantage ; un caillot
assez volumineux est retiré. L'hémorrhagie ,
persistant encore , des compresses d'eau
froide sont appliquées sur la région hypo-
gastrique ; l'hémorrhagie diminue un peu ;
l'utérus se contracte et devient flasque alternativement pendant une heure et demi ; une
injection d'eau froide est faite alors dans le
vagin , et l'hémorrhagie s'arrête. Un spasme
de dix minutes s'empare de la malade ; on

lui donne quelques cuillerées de bouillon,
le pouls devient un peu plus fort ; elle demeure assoupie pendant deux heures. A
deux heures après midi, elle se plaint de
douleurs d'estomac et d'une grande faiblesse.
(bouillon.) A quatre heures du soir, pouls
fréquent (96 pulsations), utérus bien contracté, abdomen un peu douloureux. (Infusion de violettes, crême.)

8 février. Un cataplasme laudanisé est
appliqué sur l'abdomen ; elle dort pendant
cinq heures ; douleur sous le sein droit ;
pouls fréquent (108 pulsations), peu de
lochies, abdomen moins douloureux (douze
sangsues), cataplasme de farine de lin sur
l'abdomen (sinapisme sous le sein).

Du 9 au 11 février. Le pouls est toujours
très fréquent, langue humide et blanchâtre,
la suffocation et la toux sont plus fortes,
peu de lochies et séreuses. (Vésicatoire sous
la mammelle droite.)

11 février. A dix heures, elle accuse des
douleurs dans les lombes et le bas ventre. A
deux heures du matin, les douleurs sont
plus fortes ; elle demeure dix minutes en

syncope. Elle refuse tout médicament ; elle ne peut plus parler. (Tisane pectorale avec quatre onces décoction lichen d'Islande, looch avec un grain de kermès et demi once sirop diacode.)

Le 12 février. Pouls faible et fréquent, abdomen souple et douloureux , nausées , suffocation moins forte , assoupissement , le vésicatoire a bien pris. (Cataplasme de farine de lin avec décoction de têtes de pavot et laudanum , friction avec liniment opiacé.) Depuis une heure , elle n'a rien pris , et la suffocation augmente. A onze heures du matin , elle cesse de vivre.

Autopsie 22 heures après la mort.

Flocons albumineux très abondants, unissant les intestins à l'utérus et à l'épiploon. points piqués et striés sur le péritoine et les surfaces péritonéales des intestins. Les ovaires sont piqués de rouge comme une fraise ; adhérences nombreuses dans toute l'étendue du péritoine ; liquide séreux et légèrement jaunâtre , très abondant ; l'utérus est sain ;

sa surface interne est tapissée par une couche pulpeuse, grisâtre, plus épaisse et plus
dense en haut, où se trouvent encore des
caillots adhérents. Saillie des caillots san-
guins des sinus utérins. La cavité droite est
remplie d'une sérosité non floconneuse ; le
poumon droit, mis dans l'eau, surnage par
son lobe supérieur. Les lobes moyen et
inférieur sont d'une hépatisation grise au
centre, et rouge à la circonférence, allant
au fond de l'eau et remplis d'un liquide
spumeux. Le tissu pulmonaire est faible et
ne donne, par la pression, que des corps
blancs semblables à des tubercules. Les
vaisseaux pulmonaires sont remplis de caillots. On ne peut pas déterminer si ce sont
les artérioles ou les veinules pulmonaires
qui ont donné. Le poumon gauche et le
cœur sont à l'état normal.

Présentation crânienne.— Position occipito-cotyloïdienne
gauche (Première position).

Il peut survenir quelquefois des cas dans
lesquels, bien que la tête se présente d'une
manière naturelle et dans la position la
plus ordinaire, l'accoucheur se trouve obligé
de précipiter l'accouchement, n'importe de
quelle manière , pour ne pas laisser trop
long-temps en danger la vie de l'enfant ou
de la mère et souvent de tous les deux. Ces
cas sont : 1° l'inertie de l'utérus , lorsque
la dilatation du col est complète ; 2° les
vices de conformation , lorsque un certain
degré d'étroitesse retarde le passage du fœtus;
3° un accident grave tel que l'hémorragie ,
l'éclampsie , la rupture de l'utérus , une
grande faiblesse , la procidence du cordon
ombilical , d'une main , la direction vicieuse de la tête , quoique avancée dans le
bassin , etc. Le sujet de cette observation
nous offre un cas d'*inertie de l'utérus*. Il

peut y avoir deux sortes d'inertie : inertie
par excès de douleurs et inertie par défaut
de douleurs. Dans le premier cas , l'utérus ,
étant le siége d'une trop grande vitalité ,
et recevant un trop grand afflux de sang ,
agit seul et en totalité , resserrant l'enfant
entre ses parois au lieu de le chasser au
dehors. De-là , cessation complète de douleurs , ou plutôt, douleurs incessantes pour
la mère qui n'éprouve qu'un resserrement
interne, et pour ainsi dire une crampe qu'elle
ne peut qualifier du mot douleur à cause
de sa non intermittence. Dans le second cas ,
il y a véritablement inertie, c'est-à-dire, cessation complète de travail utérin ; les mus-
cles abdominaux peuvent bien se contracter
de temps à autre, mais l'état de mollesse et de
flaccidité de l'utérus ne diminue pas jusqu'à
ce qu'une potion plus ou moins tonique
quelquefois , et le plus souvent le forceps ,
en ait fait une prompte justice. — Pour l'application du forceps , deux méthodes existent : la méthode française et la méthode
allemande. La méthode française , très
facile et très rationnelle en théorie , devient

presque toujours impossible en pratique.
Dans cette méthode, les branches du forceps
doivent toujours saisir entre les cuillers le
diamètre bi-pariétal de l'enfant, n'importe
la position qu'affecte la tête. On comprend
la bizarrerie de cette méthode , lorsqu'on
arrive auprès d'une femme en travail depuis
quelque temps ; pour peu que le travail ait
été violent , la tumeur qui se forme ordinairement sur la tête est si forte, qu'il est
impossible au doigt de l'accoucheur de reconnaître soit les fontanelles , soit les sutures
et , par conséquent, de déterminer la position de la tête ; dans ce cas-là comment
saisir avec le forceps le diamètre bi-pariétal?
Cette manière d'appliquer l'instrument n'est
bonne que lorsque le diamètre occipito-
frontal se trouve en rapport avec le diamètre
antéro-postérieur ; mais alors la méthode
allemande remplit tout aussi bien le même
but. Cette méthode consiste à appliquer le
forceps toujours de la même manière, c'est-
à-dire , que ses bords concaves doivent toujours regarder la symphise pubienne , n'importe la position de la tête. Cette manière

de l'appliquer est non seulement plus facile
et plus commode, mais encore présente bien
moins de difficultés et tout au moins autant
de chances de succès que la première. Elle
a en outre l'avantage de pouvoir être mise
en pratique par les chirurgiens , même les
plus inexpérimentés.

Pour appliquer le forceps , on fait coucher
la femme sur le dos , les membres inférieurs
fléchis ; on fait ensuite chauffer légèrement
l'instrument, et on l'enduit d'un corps gras;
on introduit ensuite la main droite (induite
aussi d'un corps gras) entre la tête et
l'utérus ; on fait glisser entre la main et la
tête de l'enfant , la branche de l'instrument
qui porte le pivot. On confie alors cette
branche à un aide qui l'appuie le plus possible sur la cuisse droite de la mère et le
plus bas que faire se peut , afin de donner
plus de facilité pour l'introduction de la
seconde branche. Avec les mêmes précau-
tion , on introduit la main gauche et , par
dessus la main , la branche à mortaise sera
glissée par dessus celle à pivot. Si l'application est bien faite , l'articulation se fera
facilement.

L'instrument placé et articulé devra faire
exécuter à la tête les mouvemens qui lui
restent pour compléter les divers temps du
mécanisme naturel. Les tractions seront
exécutées sans violence, sans secousse et
cependant avec une force proportionnée
aux obstacles qui sont à vaincre et soutenues à un degré toujours égal. Dès que
la tête ouvre largement la vulve et fait
bomber le périnée, enfin dès qu'il n'y a
plus de résistance que des parties molles,
on désarticule sans secousses et on extrait
doucement chaque branche l'une après
l'autre.

OBSERVATION UNIQUE [1].

Première grossesse d'une femme non mariée et épileptique. — Travail lent. — Inertie de l'utérus. — Application du forceps. — Mort de l'enfant trois jours après
la naissance. — Autopsie. — Paralysie momentanée de
la vessie. — Incontinence d'urine. — Guérison parfaite
le 38e jour.

La nommée Jeanne M....., âgée de 35
ans, d'un tempérament épileptique, est
enceinte pour la première fois. Au quatrième
mois de sa grossesse, elle fut prise d'une
toux violente et d'une infiltration des membres inférieurs qui résistèrent à une saignée
et à l'emploi de la tisane de chiendent nitré.
Le 25 février, le stéthoscope permet d'entendre la circulation fœtale à gauche et en
bas, très profondément. Le 27, la suffocation commençant à la fatiguer, on lui
fait une saignée de 250 grammes qui n'a-
mène aucun soulagement.

Le 23 mars, à minuit, elle ressent de
faibles douleurs; presqu'en même temps les
membranes se rompent et laissent échap-

[1] Confiée à Mme Jaumard.

per une grande quantité d'eau ; l'orifice n'offre aucune dilatation , il est encore beaucoup à gauche et en arrière , à peine peut-on l'atteindre. Le 24, à 3 heures après-midi , le travail marchant avec une lenteur désespérante , on pratique une saignée de 313 grammes. Les douleurs prennent quelque force , et à 4 l'orifice offre un pouce de dilatation. A 6 heures , l'orifice est complètement dilaté, la tête franchit le col utérin et s'engage dans l'excavation du bassin. A 7 heures , le travail est complètement arrêté, la malade éprouve des nausées et des vomissemens qui la fatiguent beaucoup. Le 25 à 6 heures, la tête de l'enfant est dans la même position ; à chaque contraction les eaux de l'amnios s'écoulent avec du méconium. A 10 heures on entend encore la circulation fœtale à droite , et la circulation utérine à gauche. La fontanelle postérieure correspond au trou ovalaire gauche et la suture sagittale est dirigée de gauche à droite et d'avant en arrière. A 11 heures , le travail étant excessivement lent , et cet état paraissant devoir continuer encore pendant long-

temps , on juge convenable de terminer
l'accouchement par le forceps. La tête n'ayant
pas encore opéré son mouvement de rotation , n'a pu être saisie par l'instrument sur
sa partie latérale , et le diamètre fronto-mas-
toïdien a été pris. Quelques instants après ,
la tête , conduite par le forceps , franchissait
la vulve en première position , ainsi que le
tronc. Fille vivante mais faible et asphyxiée ,
quelques légers moyens suffisent pour la
rappeler à la vie. Demi heure après délivrance du placenta , le cordon est inséré
à son centre.

Après l'accouchement, pouls fréquent ,
langue humide et jaunâtre , abdomen souple,
indolore , utérus bien contracté , peu de
lochies. (Infusion de violettes , bouillon.)

Le 26 mars , 1er jour. Pouls fréquent ,
langue humide , lochies séreuses et verdâtres,
utérus bien contracté , abdomen sans douleurs , suffocation , toux , céphalalgie , infiltration violacée des grandes lèvres , douleurs rénales. L'enfant souffre et languit.

Le 27, 2e jour. Pouls calme , langue humide et blanchâtre ; utérus bien contracté ,

abdomen souple et sans douleurs, incontinence d'urine. (Infusion de violettes,
bouillon.)

28, 3ᵉ jour. L'enfant meurt dans les col-
vulsions à une heure après-midi. A l'autopsie, la cavité pectorale présente de la
sérosité sanguinolente en assez d'abondance.
Poumons injectés, intestins d'un rouge
foncé, épanchement rouge et séreux dans
l'abdomen, les vaisseaux de la cavité droite
du cœur sont engorgés ; collection puru-
lente dans la fosse temporale droite.

La mère est toujours dans le même état.

Le 2 avril, 8ᵉ jour. Son état s'améliore
visiblement, les urines sont cependant encore involontaires, elle ne peut pas non
plus garder les lavements, l'infiltration des
membres inférieurs est un peu moins forte.

Le 13 avril, 19ᵉ jour. Son état, qui s'est
maintenu à peu près le même jusqu'à ce
jour, s'est considérablement modifié, la
toux est moins forte, la suffocation légère,
les urines sont très abondantes et dépen-
dantes de sa volonté.

Le 2 mai, 38ᵉ jour. Elle sort de la maison
parfaitement guérie.

3e et 2e Position.

Nous confondons dans un seul chapitre
ces deux positions, parce que nous les re-
gardons plutôt comme deux temps diffé-
rens d'une même position que comme deux
positions qui doivent être étudiées à part.
En effet, toutes les positions qui sortent
occipito-cotyloïdiennes droites ont été au
début du travail fronto-cotyloïdiennes gauches, et ce n'est que par un mouvement de
rotation donné nécessairement à la tête de
l'enfant par les contractions de l'utérus,
que l'occiput, qui se trouvait correspondre
à la lymphise sacro-iliaque droite, se trouve
maintenant placé derrière la cavité cotyloïde du même côté. Ce fait a été constaté
cette année bien souvent à la Maternité, et
il est à remarquer que presque toutes les
deuxièmes positions ont été reconnues troi-
sièmes au début du travail, et que le seul

cas où on a reconnu une deuxième position de prime-abord , la femme n'a déclaré ses douleurs de l'enfantement que lorsqu'elles lui étaient insupportables ; il arrive pourtant quelquefois que la tête se conserve en troisième position depuis le début jusqu'à la fin du travail , mais c'est que dans ces cas , vraiment exceptionnels , ou la tête du fœtus est moins volumineuse qu'elle ne devrait être , ou bien les diamètres du bassin de la mère sont un peu plus grands ; quoiqu'il en soit , nous ne cesserons de regarder une troisième position comme le premier temps d'une deuxième , dont tous les phénomènes se passent d'ailleurs comme nous l'avons décrit pour les positions occipito-cotyloïdiennes gauches.

PREMIÈRE OBSERVATION [1].

Femme non mariée. — Première grossesse. — Troisième position du sommet d'abord, deuxième ensuite. — Six heures de travail. — Enfant de 8 mois, vivant et pléthorique ; péritonite le deuxième jour. — Mort le septième. — Autopsie.

La nommée Rosine V....., âgée de 18 ans, d'un tempéramment lymphatique, est enceinte pour la première fois. Depuis le 4e mois de sa grossesse, son bras droit est continuellement agité par un mouvement nerveux ; et depuis le 6e son sein droit est le siége d'une foule d'abcès consécutifs qui se forment autour d'une piqûre qu'elle s'est faite à cette époque avec une aiguille à coudre. Le 26 décembre 1839, à 8 heures du matin, elle éprouve les premières douleurs de l'enfantement ; les membranes se rompent, laissant échapper une assez grande quantité d'eau. A 10 heures, l'orifice est dilaté d'un pouce, la fontanelle postérieure se fait alors sentir au devant de la symphise

[1] Confiée à Mlle Panisse, élève sage-femme.

sacro-iliaque droite. A 11 heures, il y a
deux pouces de dilatation, et la fontanelle
postérieure correspond derrière la cavité
cotyloïde droite. A midi, l'orifice est complètement dilaté, les douleurs sont toujours
très fortes; demi-heure après, la tête franchit
la vulve en deuxième position ainsi que le
tronc. A une heure, délivrance du placenta,
sa surface utérine est récouverte d'une masse
de caillots noirâtres.

Après l'accouchement, pouls calme, langue humide, utérus bien contracté, lochies
suffisantes; abdomen souple. (Infusion de
violettes, bouillons.)

Le 27, 1er jour. Pouls calme, langue humide, utérus bien contracté, abdomen
souple et sans douleurs; le soir, pouls fréquent, quelques tranchées utérines. (Infu-
sions de violettes, bouillon.)

Le 28, 2e jour. Pouls (136 pulsations),
langue humide et rouge, lochies suffisantes,
utérus bien contracté, douleur violente aux
régions lombaire et iliaque droites, frissons
pendant trois heures, la sécrétion du lait
commence à se faire, les mouvemens clo-

niques du bras droit sont infiniment plus forts qu'avant l'accouchement. (Saignée au bras de 320 grammes) ; une heure après la saignée , calme , transpiration abondante ; le soir, altération , pouls fréquent , douleurs lombaire et iliaque moins fortes , lochies suffisantes.

Le 29 , 3ᵉ jour. Pouls (114 pulsations) , abdomen douloureux et développé , langue humide ; peu de lochies , 477 centigrammes ipécacuana n'ont rien produit. Deux heures après , très fortes douleurs à l'hypogastre , mouvemens cloniques dans tous les membres. A 2 heures du soir, nouvelle saignée , calme ; à 3 heures , nouvelle dose d'ipécacuana ; nouveaux mouvemens cloniques ; à 4 heures , vomissemens abondans , calme.

Le 30 , 4ᵉ jour. Pouls (136 pulsations) , langue humide , vomissemens , deux selles , 4 heures de sommeil ; dans la matinée , langue sèche et altérée , selle en diarrhée de couleur verdâtre , très abondante ; elle a uriné trois fois mais peu. Adomen souple , développé et douloureux (fomentations sèches). Deux nouvelles selles en diarrhée et verdâtres ; à 11 heures , 397 centigrammes ipécacuana sont encore administrés ; à une heure après midi , nouvelle dose semblable ; maux de cœur, plus de vomissemens, transpiration , plus de mouvemens cloniques , plus de lochies. (Eau vineuse tiède.)

Le 31 , 5ᵉ jour. Pouls fréquent , langue sèche , pas de lochies , douleur à la fosse iliaque droite (25 sangsues , *loco dolenti*), plus de douleur , 3 heures de sommeil. A 9 heures du soir, vomissement ; à 10 heures, douleur à l'épigastre et à la fosse iliaque gauche , selles involontaires , urines rouges, abdomen développé et douloureux , aphtes sur la langue , dents et lèvres fuligineuses , mouvemens cloniques. (Fomentations sèches sur les points douloureux , frictions sur l'abdomen avec un liniment anodin , 15 sangsues sur la fosse iliaque gauche , eau vineuse.)

1ᵉʳ janvier 1840 , 6ᵉ jour. Pouls (121 pulsations) , langue humide , abdomen souple et douloureux , dents et lèvres toujours fuligineuses, agitation continuelle , forte douleur au côté gauche et dans les lombes,

4 pilules de 159 centigrammes de calomel données depuis 2 heures jusqu'à 10 heures du soir donnent trois vomissemens seulement.

2 janvier, 7ᵉ jour. Pouls faible, langue humide, blanchâtre, très épaisse, abdomen douloureux et développé. (Frictions avec un liniment anodin, eau de tamarin, orangeade). La malade refuse le tamarin ; urines involontaires, nausées, vomissemens de bile verdâtre ; jusqu'à 2 heures, calme ; à 3 heures, mort.

Autopsie.

Arborisation du péritoine très prononcée dans l'intervalle des circonvolutions intestinales, nulle sur le point correspondant au plein de l'intestin. — Pas d'adhérences. Pus blanc et crêmeux dans l'excavation du bassin. — Pus moins épais dans la cavité abdominale, mêlé à un liquide verdâtre, provenant sans doute d'une perforation faite à l'intestin par les tiraillemens opérés pendant l'autopsie et causée par le ramollissement du péritoine.-Météorisme considérable

6

des gros et petits intestins. — Matières fécales très divisées et par grumeaux solides
dans les gros intestins ; un tampon, de matières fort dures , se fait principalement remarquer dans le rectum. Un ver court et
vivant est sorti par la section faite au rectum ; toute la muqueuse est d'une pâleur
remarquable. — Epanchement plus considérable dans le côté droit que dans le côté
gauche de la poitrine. — Flocons albumineux à la partie postérieure des deux poumons. — Le liquide du côté gauche est plus
rougeâtre ; la partie postérieure de ce poumon plus injectée que du côté droit.—Péricarde sec. — Vésicule du fiel très distendue.
— Péritoine diaphragmatique et hépatique
à peine opaque.

DEUXIÈME OBSERVATION. [1]

Femme non mariée. — Première grossesse. — Accouchement prématuré. — Fille morte. — Cinq heures de
travail.

La nommée Clara G....., âgée de 25 ans,
rachitique, est enceinte pour la première
fois. Le 27 janvier 1840, elle ressentit de
légères douleurs qu'elle prit pour des coliques, soit à cause de leur faiblesse, soit
parce qu'elle n'était qu'au 7° mois de sa grossesse. Ces douleurs se continuent jusqu'au
1er février à 9 heures du soir. Les douleurs
étant alors beaucoup plus fortes et beaucoup
plus rapprochées, elle se résout à venir à la
Maternité. Elle fait à pied le long trajet
qu'elle avait à parcourir (*de la rue du
Musée à la Charité*), et elle arrive tellement fatiguée et avec des douleurs si fortes
et si rapprochées, que le médecin, chef
interne, appellé au moment même où elle

[1] Confiée à Mlle Livon, élève sage-femme.

dépassait la porte d'entrée, eut à peine le temps de recevoir l'enfant dont le sommet franchissait la vulve en deuxième position.— Fille morte et dans un tel état de putréfaction que l'épiderme se soulevait. Transportée dans la maison, on procède à la délivrance du placenta qui se dégage avec facilité. Cette masse est dans un état de presque putréfaction, le cordon est très infiltré.

Après la délivrance, langue humide, pouls fréquent, tranchées utérines, abdomen souple, utérus bien contracté, lochies suffisantes. (Infusion de violettes, bouillon.)

Les suites de couche ont été excessivement naturelles, et le 10e jour après son accouchement, elle sortait de la Maternité.

RÉFLEXIONS.

Je n'ai cité cette observation si peu intéressante, que pour faire voir à quels inconvéniens peuvent donner lieu les règlemens de la Maternité, qui défendent de recevoir aucune femme qui ne serait pas à son 9e mois de grossesse ou qui n'éprouverait pas

déjà les douleurs de l'enfantement. Si cette
femme , qui fait le sujet de l'observation
précédente , au lieu d'arriver à la Maternité à 9 heures du soir, y était arrivée à 11
heures ; avant que le portier eût pu répondre au coup de cloche , avant qu'il se fût
habillé , avant qu'il fût monté chez Mme la
Supérieure pour prendre les clefs , avant
que ces clefs eussent été remises , avant que
la porte eut été ouverte enfin , cette femme
avait le temps d'accoucher dix fois au milieu
de la rue et par un froid rigoureux ; son
enfant avait le temps de mourir , en suppo-
sant qu'il ne fût pas déjà mort , et elle de
prendre une maladie mortelle. — Je suppose
maintenant qu'une femme , qui se trouve en
travail, arrive à la Maternité dans la matinée,
soit à 8 heures , soit à 10 heures , soit à midi,
pour peu que le travail soit fort et que les
douleurs se succèdent , il n'y aurait rien d'é-
tonnant que cette femme , arrivée au dernier
moment , accouchât au milieu de la cour en
présence des deux ou trois cents enfans de la
Charité.—Ce second cas serait, j'espère, aussi
peu décent que le premier aurait été mal-

heureux. Ces choses peuvent arriver, et cependant lorsqu'une femme arrive à la Maternité dans son 7ᵉ et même dans son 8ᵉ mois de grossesse, les réglemens défendent de la recevoir, à moins qu'elle ne soit en travail, et précisément c'est ce travail qu'il faudrait prévenir ou du moins suivre depuis son commencement , car dans les accouchemens prématurés, le travail marche bien plus rapidement et d'une manière plus spontanée que dans les accouchemens à terme ; et d'ailleurs , compte-t-on pour rien la distance qui sépare la Maternité du centre de la ville , et qui oblige bien des personnes à faire un long trajet à pied , ce qui précipite encore davantage un travail d'accouchement commencé ? Ce sont des faits si patents , et les réclamations faites à ce sujet sont si justes et si naturelles , que je ne doute pas un instant que MM. les Administrateurs , reconnaissant bientôt combien elles sont fondées , ne corrigent ce qui peut se trouver de mauvais dans des réglemens d'ailleurs en tout conformes à la justice et à la morale.

(4ᵉ **Position.**)

Dans cette position, l'occiput correspond à la symphise sacro-iliaque gauche, et le front au point opposé, c'est-à-dire, à la cavité cotyloïde droite ; le dos de l'enfant est en rapport avec le dos de la mère. L'occiput descend le premier dans le détroit supérieur, la tête est fléchie, le menton appliqué sur le sternum. La tête arrive dans cette position jusqu'au plancher périnéal ; là, par un mouvement de rotation de dehors en dedans, l'occiput se place dans l'excavation du sacrum et le front contre l'arcade du pubis. Alors, par les contractions de l'utérus, la tête se fléchit contre la poitrine, l'occiput mesure toute la longueur sacro-coccygienne, et vient se présenter à la commissure postérieure de la vulve ; les contractions utérines redoublent alors de violence ; le front, qui se trouvait dans l'arcade pubienne, fortement poussé par le travail utérin, remonte légèrement,

puis se dégage et la face glisse sous la symphise, la tête arrivée hors la vulve opère son
mouvement de rotation, et la face de
l'enfant se trouve vers la fesse droite de la
mère, les épaules se dégagent ensuite comme
dans les positions occipito - cotyloïdienne
gauches.

OBSERVATION UNIQUE [1].

**Femme non mariée. — Troisième grossesse. — Huit heures
de travail. — Quatrième position du sommet. — Fille
née morte.**

La nommée Sophie M...., âgée de 27
ans, est enceinte pour la troisième fois. Ses
premières grossesses n'ont rien présenté de
remarquable, si ce n'est la première fois
qu'elle accoucha d'un enfant mort. Elle
est reçue dans la maison le 30 janvier 1840.
Le 2 février, ne sentant pas remuer son en—

[1] Confiée à Mlle Panisse, élève sage-femme.

fant , une saignée est pratiquée ; le 8 ,
à 10 heures du matin , elle éprouve les premières douleurs de l'enfantement, qu'elle ne
déclare qu'à 2 heures après-midi. L'orifice
est alors dilaté de 15 lignes , les membranes se rompent ; à 3 heures les douleurs
redoublent de force , et, pendant la contraction , il s'écoule un peu d'eau verdâtre.
A 4 heures , l'orifice est dilaté de 2 pouces ;
souple et dilatable , le sommet se présente ,
mais on ne peut sentir ni suture ni fontanelle. A 4 heures et demie , les douleurs
sont très fortes, l'orifice est complètement
dilaté , la tête s'avance vers la vulve , qu'elle
franchit à 5 heures en 4ᵉ position ; la face
correspondait à l'aine droite de la mère
et l'occiput à la partie postérieure de la cuisse
gauche. Fille morte et putréfiée du poids
de 2250 grammes. Au moment de l'expulsion , une assez grande quantité d'eau
verdâtre s'écoule de la vulve. Demi heure
après délivrance facile du placenta , cordon
infiltré , inséré 3 pouces loin de son bord.

Après l'accouchement, pouls calme , langue humide , lochies suffisantes , utérus

bien contracté, abdomen souple, quelques
tranchées utérines (Infus. viol. bouillon.)

9 février, 1er jour, pouls calme, langue
humide, lochies suffisantes, utérus bien
contracté, plus de tranchées. (Infusion de
violettes, bouillon.)

Ses suites de couche étant très naturelles
et allant de mieux en mieux, elle rentre
au sein de sa famille, onze jours après
son accouchement.

Notre œuvre est maintenant terminée ;
nous n'avons pas voulu donner au public
les cinquante et quelques cas d'accouchement qui se sont présentés pendant ce peu
de temps, les accouchemens naturels se
faisant tous à peu près la même chose,

c'eût été une répétition fastidieuse ; mais nous avons pris les observations les plus intéressantes et celles qui pouvaient faire réformer quelques abus qui se trouvent encore dans l'établissement, et que la sagesse des Administrateurs actuels ne tardera pas de corriger. Nous avons aussi négligé de donner un cas de présentation des fesses, afin de ne pas livrer isolé, au public, un fait qui pourra être bien intéressant, accompagné de plusieurs autres, et qui seul, n'eût pas manqué de paraître fade et ennuyeux. Ainsi, pour cette année, nous avons eu principalement affaire aux présentations céphaliques ; l'année prochaine nous tâcherons de recueillir les faits qui pourront nous permettre de parler sur les présentations pelviennes ; en attendant, j'appelle l'indulgence de MM. les Praticiens sur mon opuscule, j'ai répété mot pour mot les observations et les données qui m'ont été communiquées, je les prie d'avoir égard à mon zèle et à ma bonne volonté, c'est tout ce dont je puis disposer à mon âge.

Si un esprit de vingt ans n'a pu saisir les meilleures et les plus intéressantes observations et les réflexions les plus judicieuses ; il a au moins la consolation d'avoir osé.

MARSEILLE,

Imprimerie de Léopold Mossy, dirigée par A. Prodhon, rue Grignan, 54.

www.ingramcontent.com/pod-product-compliance
Lightning Source LLC
Chambersburg PA
CBHW060623200326
41521CB00007B/875